FORSCHUNGSBERICHT DES LANDES NORDRHEIN-WESTFALEN

Nr. 2611/Fachgruppe Maschinenbau/Verfahrenstechnik

Herausgegeben im Auftrage des Ministerpräsidenten Heinz Kühn
vom Minister für Wissenschaft und Forschung Johannes Rau

Prof. Dr.-Ing. Eugen Schmidtmann
Dipl.-Ing. Wolf-Dieter Thinnes
Institut für Eisenhüttenkunde
der Rhein.-Westf. Techn. Hochschule Aachen

Einfluß der thermischen Behandlung beim Ein- und Mehrlagenschweißen auf die Gefügebildung und die Bruchzähigkeit von simulierten und geschweißten Proben

WESTDEUTSCHER VERLAG 1977

© 1977 by Westdeutscher Verlag GmbH, Opladen
Gesamtherstellung: Westdeutscher Verlag

ISBN-13: 978-3-531-02611-4   e-ISBN-13: 978-3-322-88370-4
DOI: 10.1007/978-3-322-88370-4

Inhaltsverzeichnis

Seite

I. Einfluß einer schweißsimulierenden Wärmebehandlung auf das Umwandlungsverhalten hochfester mikrolegierter Feinkornbaustähle ... 1

  1. Versuchswerkstoffe ... 1

  2. Versuchsdurchführung ... 2

  3. Versuchsergebnisse ... 3

  3.1 Zeit-Temperatur-Umwandlungsschaubilder ... 3

  3.2 Kühlzeit-Temperatur-Umwandlungsschaubilder ... 4

  3.3 Spitzentemperatur-Abkühlzeit-Schaubilder ... 4

II. Das Bruchzähigkeitsverhalten von hochfesten Feinkornbaustählen nach Simulation von Ein- und Mehrlagenschweißtemperaturzyklen ... 6

  1. Versuchsdurchführung ... 6

  2. Festigkeits- und Zähigkeitsuntersuchungen an schweißsimulierten Gefügen der Überhitzungszone der WEZ ... 7

  2.1. Kerbschlagzähigkeitsuntersuchungen an schweißsimulierten Proben ... 7

  2.1.1. Einfluß der Lagenzahl auf die Kerbschlagzähigkeit der Überhitzungszone der WEZ ... 7

  2.1.1. Einfluß der Abkühlzeit $\Delta t_{8/5}$ auf die Kerbschlagzähigkeit ... 9

  2.2. Rißzähigkeit der simulierten Gefüge der WEZ ... 10

  2.3. Festigkeitseigenschaften der Gefüge der WEZ nach Ein- und Mehrlagenschweißungen ... 11

  3. Untersuchungen an Realschweißungen ... 12

  3.1. Härteverlauf in der Schweißnaht nach Ein- und Mehrlagenschweißung ... 12

  3.2. Einfluß der Abkühlzeit $\Delta t_{8/5}$ auf die Kerbschlagzähigkeit der WEZ von Realschweißungen (Fünflagen-UP-Schweißungen) ... 13

  4. Zusammenfassung ... 14

I. Einfluß einer schweißsimulierenden Wärmebehandlung auf das Umwandlungsverhalten hochfester mikrolegierter Feinkornbaustähle

Hochfeste mikrolegierte Feinkornbaustähle werden im Schiffs-, Offshore-, Reaktorsicherheitsbehälter-, Großröhren- und allgemeinen Stahlbau wegen ihrer hohen Festigkeit bei gutem Verformungs- und Schweißverhalten verwandt.

Durch die thermische Beanspruchung des Schweißens werden die Gefüge, die Korngröße und somit die mechanischen Eigenschaften der im normalgeglühten, vergüteten oder thermomechanisch behandelten Zustand gelieferten Stähle in der Wärmeeinflußzone weitgehend verändert. In unmittelbarer Nähe der Schmelzlinie entsteht durch starke Überhitzung die Grobkornzone, daran schließt sich infolge geringerer thermischer Belastung die Feinkornzone an und es folgen die Bereiche der teilweisen Austenitisierung und des angelassenen Grundgefüges (1).

Das Umwandlungsverhalten dieser Feinkornbaustähle unter Schweißbedingungen, d.h. schnelle Aufheizung auf Spitzentemperatur, kurze Haltezeit und rasche Abkühlung bestimmt die Gefügeveränderung in den vollständig austenitisierten Zonen der WEZ und somit auch die mechanischen Eigenschaften der Werkstoffe. Es ist deshalb von Interesse, den Einfluß der thermischen Zyklen, der chemischen Zusammensetzung und auch des Ausgangsgefügezustandes der Stähle auf das Umwandlungsverhalten zu ermitteln (2 - 5).

1. Versuchswerkstoffe:

Für die Untersuchungen wurden vier mikrolegierte Feinkornbaustähle ausgewählt, deren chemische Zusammensetzung in Tafel 1 wiedergegeben ist.

Bei dem Versuchsstahl A handelt es sich um einen perlitfreien MnMoNb-Feinkornbaustahl, dessen Festigkeits- und Zähigkeitseigenschaften je nach thermomechanischer Behandlung in großem Umfange verändert werden können (6). Durch Endwalzen bei tiefen Temperaturen entsteht bei diesem Stahl feinstkörniges nadelartiges Ferritgefüge, welches hervorragende Tieftemperatureigenschaften besitzt.

Der Stahl B entspricht der Qualität St E 47 mit reduziertem Kohlenstoffgehalt, wobei die Festigkeit und Feinkörnigkeit durch die Legierungselemente Cr, Ni, Cu und Mo bzw. durch die Mikrolegierungselemente V und Nb erzielt werden.

Bei Stahl C handelt es sich um den Feinkornbaustahl St 52-3, der allein Aluminium als feinkornbildendes Element enthält.

Im Gegensatz zu dem thermomechanisch behandelten Stahl A lagen die Stähle B und C im normalgeglühten Ausgangszustand vor.

Bei Stahl D (St E 70) handelt es sich um einen hochfesten wasservergüteten Feinkornbaustahl. Die gute Durchhärtbarkeit und die hohe Festigkeit werden durch die Legierungselemente Cr, Ni, Cu und insbesondere Molybdän erreicht. Als feinkornbildende Mikrolegierungselemente wirken Aluminium und Zirkon.

Das Umwandlungsverhalten wurde an den Stählen A, B und C untersucht. Für die Bruchzähigkeits- und Festigkeitsuntersuchungen (Teil II) wurde zusätzlich der Vergütungsstahl D herangezogen.

2. Versuchsdurchführung:

Der Temperatur-Zeit-Verlauf in der Wärmeeinflußzone einer Einlagenschweißverbindung ist abhängig von dem Wärmeeinbringen und den Abkühlbedingungen, die vorgegeben sind durch Schweißverfahren, Schweißparameter und Blechstärke. Um die Schweißtemperaturzyklen, wie sie in Realschweißungen auftreten, zur Bestimmung des Umwandlungsverhaltens simulieren zu können, ist die Kenntnis der Temperatur-Zeit-Verläufe bei Ein- und Mehrlagenschweißungen erforderlich.

Es wurden daher Unterpulver- und Lichtbogenhandschweißungen an Blechen mit 12 bzw. 25 mm Stärke und unterschiedlichen Wärmeeinbringen durchgeführt.

In Abb. 1 ist der Temperatur-Verlauf über der Schweißnaht, der Schweißtemperatur-Zyklus der Grobkornzone und die sich in der WEZ einstellenden Gefüge des Stahls St 52-3 bei einer Abkühlzeit $\Delta t_{8/5}$ von 12 Sekunden dargestellt. Der Temperatur-Zeit-Verlauf einer Fünflagen-Lichtbogenhandschweißung ist in Abb. 2 wiedergegeben.

Die Zyklen wurden durch Temperaturmessungen mit Pt-PtRh-Thermoelementen in der Überhitzungszone der ersten Lage aufgezeichnet. Zur Charakterisierung dieser Schweiß-Temperatur-Zyklen dienten die Aufheizgeschwindigkeit, die Haltezeit auf Maximaltemperatur und die Abkühlzeit $\Delta t_{8/5}$. Bei den Schweiß-Temperaturmessungen zeigte sich, daß in der Grobkornzone - unmittelbar neben der Schmelzlinie - Temperaturen wenig unterhalb der Schmelztemperatur auftreten.

Durch die thermische Beanspruchung einer nachfolgenden Lage werden die grobkörnigen Gefüge des Schweißguts und der Überhitzungszone der vorangegangenen Lage kurzzeitig bei verminderter Spitzentemperatur austenitisiert. Durch diese mit einer Umkörnung verbundenen Wärmebehandlung werden die grobkörnigen Gefüge verfeinert.

Diesen Schweiß-Temperatur-Zeit-Verläufen entsprechend wurden mit Hilfe des Dilatometers "Formastor F" Schweiß-Umwandlungsschaubilder aufgestellt.

In diesem Gerät werden zylindrische Werkstoffproben in einer Vakuumkammer induktiv erhitzt. Eine elektronische Regelvorrichtung hält während der thermischen Zyklen die Aufheiz- und Abkühlgeschwindigkeiten trotz Wärmetönungen bei den Gefüge- und Phasenumwandlungen weitestgehend konstant. Die Abkühlgeschwindigkeiten können in großem Umfang durch Kühlung mit Argon oder Helium bzw. Gegenheizen variiert werden.

Die Umwandlungspunkte, die aus einer Dilatations- und Temperatur-Zeit-Kurve ermittelt werden, ergeben, aufgetragen über der logarithmischen Zeitachse oder der logarithmischen Achse der Abkühlzeit $\Delta t_{8/5}$, Schweiß-ZTU-Kühlzeit-Temperatur-Umwandlungs- und Spitzentemperatur-Abkühlzeit-Schaubilder.

Für die Versuche wurde ein Wärmebehandlungsprogramm mit einer Aufheizgeschwindigkeit von 100 °C/s und einer Haltezeit auf Spitzentemperatur von 10 s gewählt. Die Austenitisierungstemperaturen entsprechen den Maximaltemperaturen der Schweißtemperaturzyklen der Grobkornzone (1350 °C) und der Feinkornzone (1000 °C).

Die Zeitzählung beginnt bei den ZTU-Diagrammen bei 800 °C, um das Umwandlungsverhalten bei verschiedenen Austenitisierungsbedingungen und auch um die Umwandlungsschaubilder der einzelnen Stähle untereinander vergleichen zu können.

3. Versuchsergebnisse:

3.1. Zeit-Temperatur-Umwandlungsschaubilder

Bei der vergleichenden Betrachtung der ZTU-Schaubilder der Feinkornzone und der Grobkornzone des Stahles A ist deutlich der Einfluß der thermischen Beanspruchung auf die Gefügeumwandlung zu erkennen (Bild 3).

Dieser perlitfreie MnMoNb-Feinkornbaustahl wandelt nach Austenitisierung bei 1000°C vornehmlich in der Zwischenstufe um.

Das dabei entstehende kohlenstoffarme nadelige Gefüge wird Zwischenstufen-, Umklapp- oder Nadelgerrit genannt (5).

Diese bevorzugte Umwandlung nach dem Umklappmechanismus wird durch die relativ hohen Gehalte an Mangan und Molydän begünstigt. Gleichzeitig verschiebt Molybdän durch eine C-diffusionshemmende Wirkung die Ferrit-Perlit-Umwandlung zu längeren Zeiten (7). Der hohe Niobgehalt wirkt durch Verminderung des C-Gehaltes in fester Lösung auf das Umwandlungsverhalten, indem er die Martensitbildung behindert (8).

Mit zunehmender thermischer Beanspruchung durch Annäherung an die Schmelzlinie gehen die Stickstoff- und Kohlenstoffverbindungen der Mikrolegierungselemente immer mehr in Lösung und sind bei der Versuchstemperatur von 1350°C vollkommen gelöst. Dadurch tritt starkes Austenitkornwachstum auf (9). Die Verringerung der spezifischen Korngrenzenfläche und Verminderung der Zahl der Keimbildungszentren infolge Auflösung der Verbindungen der Mikrolegierungselemente verschieben bei der Abkühlung den Beginn der diffusionsgesteuerten Ferrit-Perlit-Umwandlung zu extrem langen Zeiten.

Hierdurch und infolge der thermisch bedingten Anhebung der Martensit-Temperatur (9) tritt im Bereich der Grobkornbildung neben Bainit auch Martensit auf.

Der normalisierte Stahl B (St E 47) zeigt das typische Umwandlungsverhalten von normalisierten Feinkornbaustählen (Bild 4). Ausgehend von der chemischen Zusammensetzung des Stahles St 52-3 wurde bei diesem Werkstoff zwecks Verbesserung der Verformbarkeit bei tiefen Temperaturen und seiner Schweißeignung der Kohlenstoffgehalt auf 0,15 % verringert. Um die damit verbundene Festigkeitsabnahme auszugleichen, wurden die mischkristallhärtenden Legierungselemente Chrom, Nickel, Kupfer (10) und Molybdän zulegiert, welche vor allem den Umwandlungsbereich der Zwischenstufe vergrößern (11). Die Festigkeit wird weiter durch die feinkornbildenden und ausscheidungshärtenden Mikrolegierungselemente Aluminium, Vanadium und Niob gesteigert (12).

Aus dem Umwandlungsschaubild ist weiterhin zu ersehen, daß die Ferrit-Perlit-Umwandlung im Bereich der Feinkornzone (T_{max} = 1000°C) erst nach 40 s beginnt. Durch die hohe thermische Belastung in der WEZ in unmittelbarer Nähe der Schmelze (T_{max} = 1350°C) lösen sich die Verbindungen der der Mikrolegierungselemente auf, so daß die Ferrit-Perlit-

Umwandlung weiterhin zu längeren Zeiten verschoben wird.
Mit steigender Überhitzung wird mit zunehmender Leerstellenkonzentration die Martensitbildungstemperatur angehoben (13).

In Abb. 5 ist das ZTU-Schaubild für den Stahl C (St 52-3) dargestellt. Aufgrund seines höheren Kohlenstoffgehaltes liegen die Martensitbildungstemperaturen im Vergleich zu den anderen Stählen bei tieferen Werten. Der Stahl ist im Bereich der Feinkornzone umwandlungsfreudig, d.h. die Ferritbildung beginnt schon nach ca. 9 s.

Durch eine höhere Spitzentemperatur verschieben sich durch Auflösung der Aluminiumnitride und der damit verbundenen Grobkornbildung die Umwandlungsgebiete zu längeren Zeiten.

3.2. Kühlzeit-Temperatur-Umwandlungsschaubilder

In zunehmendem Maße werden beim Schweißen die Abkühlzeiten $\Delta t_{8/5}$ gemessen oder berechnet (14). Diese Abkühlzeit $\Delta t_{8/5}$ stellt die mittlere Abkühlgeschwindigkeit, bezogen auf das Temperaturintervall zwischen 800 und 500°C dar. Da die Abkühlzeit in allen Volumenelementen der Wärmeeinflußzone, die eine höhere Spitzentemperatur als 900°C aufweisen, nahezu unabhängig von der Maximaltemperatur des Schweißtemperatur-Zyklus ist, wird sie u.a. zur Charakterisierung des Temperatur-Verlaufs herangezogen. Es wurden deshalb aus den ZTU-Schaubildern Diagramme abgeleitet, bei denen die Umwandlungspunkte nicht entsprechend einer Abkühlkurve über der Zeit, sondern senkrecht über der Abkühlzeit $\Delta t_{8/5}$ aufgetragen werden (4, 16, 17). Diese Kühlzeit-Temperatur-Umwandlungs-Schaubilder haben große Ähnlichkeit mit den ZTU-Diagrammen. Die Umwandlungspunkte über 500°C sind allerdings zu längeren Zeiten verschoben, da die Zeit des Abkühlens von Umwandlungstemperatur bis auf 500°C zu den Umwandlungszeiten des ZTU-Diagramms addiert werden müssen.

Unter 500°C verschieben sich die Umwandlungspunkte im Vergleich zu den ZTU-Schaubildern zu kürzeren Zeiten, da die zusätzliche Zeit von 500°C auf Umwandlungstemperaturen subtrahiert werden muß.

Diese KTU-Schaubilder vereinfachen die Bestimmung der Gefügeausbildung, da bei Kenntnis der Abkühlzeit $\Delta t_{8/5}$ senkrecht über der Zeitachse die in den entsprechenden Bereichen der WEZ zu erwartenden Gefüge abgelesen werden können.

So wandelt der Stahl B, dessen Kühlzeit-Temperatur-Umwandlungsschaubild hier diskutiert werden soll, bei einem Schweißtemperaturzyklus, der durch eine Spitzentemperatur von 1000°C und eine Abkühlzeit $\Delta t_{8/5}$ von 15 s charakterisiert ist, in martensitisch-bainitisches Gefüge um. Bei der gleichen Abkühlzeit wandelt der Stahl mit Annäherung an die Schmelzlinie (T_{max} = 1350°C) zunehmend martensitisch um. Die Martensitanteile erhöhen sich auf Kosten der Bainitanteile (Abb. 6). Ebenso kann für den MnMoNb Stahl A und den Stahl C (St 52-3) das Umwandlungsverhalten aus den KTU-Schaubildern entnommen werden (Abb. 7, 8).

3.3. Spitzentemperatur-Abkühlzeit-Schaubilder

Das Umwandlungsverhalten der Feinkornbaustähle ändert sich stetig mit zunehmendem Abstand von der Schmelzlinie, weil sich auch die Spitzentemperaturen durch das sich abflachende Temperaturfeld des Schweißlichtbogens vermindern (Abb.1).

Um das gesamte Umwandlungsverhalten in der WEZ darzustellen, müßte eine Vielzahl von ZTU- bzw. KTU-Schaubildern bei Spitzentemperaturen erstellt werden, die den Maximaltemperaturen der Bereiche der WEZ von Grobkorn-bis Feinkornzone entsprächen.

Ein Spitzentemperatur-Abkühlzeit-Schaubild ermöglicht aber die Darstellung des Umwandlungsverhaltens aller austenitisierten Bereiche der WEZ (16, 18, 19, 20).

Über den Abkühlzeiten $\Delta t_{8/5}$ werden Beginn und Ende einer bestimmten Gefügeumwandlung bei unterschiedlichen Maximaltemperaturen in einem Spitzentemperatur-Abkühlzeit-Diagramm aufgetragen. Diese Punkte werden verbunden und grenzen so die Existenzbereiche der in der WEZ auftretenden Gefüge ab.

Die Bilder 9 - 11 zeigen diese Spitzentemperatur-Abkühlzeit-Diagramme der Versuchsstähle A - C.

Aus Bild 9 ist zu ersehen, daß der perlitfreie MnMoNb-Stahl A in einem großen Abkühlzeitbereich von ca. 7 - 200 Sekunden rein bainitisch umwandelt.

Innerhalb dieser Zeiten liegen die bei den gängigen Blechstärken und Schweißverfahren sich ergebenden Abkühlzeiten $\Delta t_{8/5}$.

Die Ferrit-Perlit-Bildung setzt erst nach sehr langen Zeiten ein und wird durch steigende thermische Belastung noch verzögert. Aus dem Diagramm ist weiterhin zu erkennen, daß in der Feinkornzone (T_{max} = 1000°C) keine Martensitumwandlung stattfindet. Erst bei höheren Spitzentemperaturen und Abkühlzeiten $\Delta t_{8/5}$ < 7 Sekunden, wie sie beim Schweißen von 12 mm starken Blechen mit einem geringen Wärmeeinbringen gemessen wurden, tritt in der Grobkornzone neben Bainit auch Martensit auf.

Das Spitzentemperatur-Abkühlzeit-Schaubild für Stahl B (St E 47) ist in Bild 10 wiedergegeben. Bei einer Abkühlzeit von 10 s liegt in den Zonen der WEZ, in denen Spitzentemperaturen von 1000 bis 1200°C auftreten, martensitisch-bainitisches Gefüge vor. Mit Annäherung an die Schmelzlinie, d.h. mit zunehmender thermischer Beanspruchung verringert sich der Bainitgehalt des Mischgefüges zugunsten zunehmender Martensitanteile. Bei Spitzentemperaturen über 1200°C tritt nur noch Martensit auf.

Im Gegensatz zu Stahl A ist bei Stahl B das Bainitgebiet auf einen schmaleren Bereich eingeengt worden.

Die Grenzen der anderen Umwandlungsbereiche verschieben sich ebenfalls mit höheren Maximaltemperaturen zu längeren Abkühlzeiten.

Bei einer Spitzentemperatur von 1300°C treten bei Abkühlzeiten zwischen ca. 12 und 450 Sekunden bainitisches Grundgefüge mit veränderlichen Martensitanteilen bei kurzen und mit Ferritanteilen bei langen Abkühlzeiten auf.

Stahl C (St 52-3) weist im Vergleich zu den anderen Stählen eine größere Anzahl von Kombinationen unterschiedlicher Gefüge im Bereich der Zwischenstufenumwandlung auf (Bild 11).

Die Ferrit-Perlit-Bildung tritt früher als bei den Stählen A und B auf, so daß in der Feinkornzone bei Abkühlzeiten von ca. 20 - 30 Sekunden ein Martensit-Bainit-Ferrit-Perlit-Mischgefüge entsteht. In der Grobkornzone liegt dagegen nur martensitisch-bainitisches Gefüge vor.

Das Spektrum der unterschiedlichen Gefügearten der WEZ, insbesondere die Grobkornzone hat einen maßgeblichen Einfluß auf die Verformungs- und Festigkeitseigenschaften sowie das Sprödbruchverhalten einer rißbehafteten Schweißverbindung.

II. Das Bruchzähigkeitsverhalten von hochfesten Feinkornbaustählen nach Simulation von Ein- und Mehrlagenschweißtemperaturzyklen

Um diese hochfesten mikrolegierten Feinkornbaustähle bei Schweißkonstruktionen auch voll ausnutzen zu können, müssen in der Wärmeeinflußzone der Schweißnähte ausreichende Festigkeits- und Zähigkeitseigenschaften und eine genügend große Sicherheit gegen Sprödbruch gewährleistet sein. Die Kenntnis der Veränderung des Ausgangsgefüges des Grundwerkstoffes und damit der Änderung der mechanischen Eigenschaften durch die Schweißtemperaturzyklen ist daher von Bedeutung. In der Praxis werden hauptsächlich Mehrlagenschweißungen nach der Strich- oder Pendelraupentechnik durchgeführt, wobei die Schweißfuge Lage für Lage gefüllt wird.

Durch die zweite Lagenschweißung wird die Grobkornzone der WEZ der ersten Lage noch einmal bei geringerer Spitzentemperatur austenitisiert, so daß dieser Bereich entsprechend seinem Umwandlungsverhalten bei dieser tieferen Temperatur feinkörniger umwandelt. Die Wärmeeinwirkung der zweiten Lage reicht aber nicht mehr aus, die weiter entfernten Bereiche der WEZ zu austenitisieren, sie werden nur noch angelassen.

Die Eigenschaften der Wärmeeinflußzone einer Mehrlagenschweißung sind also nicht nur von den Schweißparametern der Einzellage bzw. von der Abkühlzeit $\Delta t_{8/5}$, sondern auch von der Lagenzahl der Schweißnaht abhängig.

Die grobkörnige Überhitzungszone einer Einlagenschweißung oder die letzte Lage einer Mehrlagenschweißung besitzt daher andere Eigenschaften als die umgekörnten und mehrfach angelassenen Gefüge der Mehrlagenschweißung, so daß eine Inhomogenität der Eigenschaften der WEZ in Blechdickenrichtung auftritt.

Es sollte daher untersucht werden, in welchem Umfange sich die Festigkeits- und Zähigkeitskennwerte des Grundwerkstoffes durch den Schweißtemperaturzyklus der ersten Lage verändern und wie diese Werte durch die mehrfachen thermischen Behandlungen weiterer Lagen beeinflußt werden.

1. Versuchsdurchführung

Zur Charakterisierung des Einflusses der Schweißtemperaturzyklen auf die Eigenschaften des Grundwerkstoffs in der Wärmeeinflußzone wurden die in der WEZ der ersten Lage von Unterpulverschweißungen aufgenommenen Schweißtemperatur-Zeit-Verläufe simulierend auf Kerbschlagproben aufgebracht, wodurch ein hinreichend großes Volumen gleichen Gefügeaufbaus entstand (Bild 2).

In den Untersuchungen werden jeweils nur die Eigenschaften der ersten Lage einer Schweißnaht betrachtet, die durch unterschiedlich häufige thermische Beanspruchung durch die Lagenschweißungen wärmebehandelt wurden.

Die Fünflagen-Unterpulverschweißungen wurden an Halb-
V-Nähten mit dem Öffnungswinkel von 20° durchgeführt.

Die 12 und 25 mm dicken Bleche wurden mit Wärmeeinbringen
von ca. 12, 18 und 25 KJ/cm geschweißt, wobei die Schweiß-
geschwindigkeit immer 50 cm/min betrug. Es wurden eine
Drahtelektrode S 3 Mo und ein basisches Pulver verwendet.

Als Badsicherung wurde unter die Schweißfuge ein Blech von
10 mm Stärke und 30 mm Breite geschweißt.

Die auf der massiven Kupferunterlage der UP-Schweißmaschine
aufgelegten Bleche erfuhren durch die starke Wärmeabfuhr
eine dreidimensionale Wärmeableitung, wodurch sich Abkühlzeiten $\Delta t_{8/5}$ von 5, 12, und 15 Sekunden bei den Stählen
B und C und 5, 12 und 22 Sekunden beim Stahl A einstellten.
Diesen Schweißblechen wurden Kerbschlagproben entnommen.

Zur Simulation wurden die Schweißtemperaturzyklen bei allen
Stählen konstant gehalten. Die Aufheizgeschwindigkeit betrug 200°C/s und die Haltezeit auf Maximaltemperatur 1 Se-
kunde.

Nach dem Aufheizen und Halten auf den Spitzentemperaturen

von 1350°C	bei Einlagenschweiß-simulation
1350°C + 1000°C	" Zweilagenschweiß-simulation
1350°C + 1000°C + 900°C	" Dreilagenschweiß-simulation
1350°C + 1000°C + 900°C + 700°C + 500°C	" Fünflagenschweiß-simulation

kühlten die Proben über die wassergekühlten Probeneinspann-
backen mit den entsprechenden Abkühlzeiten $\Delta t_{8/5}$ in jeder
simulierten Lage auf Raumtemperatur ab. An den schweißsimulierten Proben wurden Kerbschlagzähigkeits-, Rißzähigkeits-
und Festigkeitsuntersuchungen durchgeführt.

2. Festigkeits- und Zähigkeitsuntersuchungen an schweißsimulierten Gefügen der Überhitzungszone der WEZ

2.1. Kerbschlagzähigkeitsuntersuchungen an schweißsimulierten
     Proben

2.1.1. Einfluß der Lagenzahl auf die Kerbschlagzähigkeit der
       Überhitzungszone der WEZ

Da die geschweißten hochfesten Feinkornbaustähle unter
den üblichen Beanspruchungsbedingungen vor dem Bruch
große plastische Verformungen aufweisen, ist es nahe-
liegend, das Bruchzähigkeitsverhalten der Gefüge der
WEZ im Kerbschlagbiegeversuch in Abhängigkeit von der
Temperatur zu untersuchen. Um den Einfluß eines verschärf-
ten Spannungszustandes auf das Zähigkeitsverhalten zu
überprüfen, wurden neben Proben mit ISO-V-Kerbe auch
solche mit eingeschwungenem Ermüdungsanriß verwandt.
Für diese Untersuchungen wurden Kerbschlagprobenrohlinge,
die längs zur Walzrichtung entnommen waren, mit den entsprechenden Schweißtemperaturzyklen auf der Gleeble-
Apparatur thermisch behandelt. Die Kerben wurden quer

zur Walzrichtung eingefräst, um eine ähnliche Beanspruchung zu gewährleisten, wie sie sich durch Schweißfehler wie Einbrandkerben, Unternahtrisse usw. ergibt.

Die Kerbschlagzähigkeitsuntersuchungen an dem perlitfreien MnMoNb-Stahl A zeigen, daß das in der Überhitzungszone beim Einlagenschweißen entstandene grobkörnige Gefüge stark verschlechterte Zähigkeitseigenschaften besitzt. Nach Umkörnung durch die zweite simulierte Lagenschweißung wird eine bessere Zähigkeit erzielt (Bild 12).

Dadurch wird das Mischbruchgebiet zu tieferen Temperaturen verschoben. Mit zunehmender Lagenzahl verbessern sich durch weitere Umkörnung und Anlaßeffekte die Kerbschlagzähigkeitswerte. Bei diesem kontrolliert endgewalzten perlitfreien Feinkornbaustahl A ist die Zunahme der Kerbschlagzähigkeit in der Hochlage im wärmebehandelten Zustand bemerkenswert. Die Werte liegen deutlich über denen des Grundwerkstoffs.

Im Schrifttum wird dies veränderte Werkstoffverhalten durch das Auflösen der kornverfeinernden und festigkeitssteigernden Niobcarbonitridausscheidungen bei der ersten Lagenschweißung, Ausscheiden der gelösten Niobverbindungen und Wachsen zu größeren Partikeldurchmessern sowie den Zerfall von submikroskopischen Martensitinseln im Nadelferritgefüge erklärt (6).

Auch bei Stahl B (St E 47) wird das Kerbschlagzähigkeitsverhalten durch eine Einlagenschweißsimulation stark verschlechtert und wiederum infolge Kornverfeinerung und Anlaßbehandlung nach weiteren Lagen verbessert (Bild 13). Von der dritten Lage an ist die Bestimmung der Hochlage der Kerbschlagzähigkeitstemperaturkurve nicht mehr möglich, da die nur teilweise gebrochenen Proben durch das Widerlager des Kerbschlaghammers gezogen werden. Dieses Verhalten ist darauf zurückzuführen, daß der sich in der Probe ausbreitende Riß durch starke Sulfidzeiligkeit in Walzrichtung abgelenkt wird (21, 22). Die gegenüber dem Grundwerkstoff selbst nach Mehrlagenschweißung ungünstige Übergangstemperatur kann durch die Belegung der Korngrenzen mit Sulfiden erklärt werden.

Stahl C (St 52-3), der nur Aluminium als kornfeinendes Element enthält, wird in der WEZ durch die Wärmebeeinflussung der ersten Lage grobkörniger als die anderen Versuchsstähle. Dementsprechend ist auch das Zähigkeitsverhalten in dieser Zone sehr schlecht. Durch die Kornverfeinerung und die Anlaßbehandlung der nachfolgenden Lagen verbessern sich die Zähigkeitseigenschaften wesentlich. Nach einer Fünflagenschweißsimulation entsprechen die Kerbschlagzähigkeitswerte in der Hochlage denen des Grundwerkstoffes (Bild 14).

Bei dem vergüteten hochfesten Feinkornbaustahl D (St E 70) zeigt sich, daß durch Schweißsimulation einer ersten Lage die Kerbschlagzähigkeit der Überhitzungszone infolge Grobkornbildung verringert und das Mischbruchgebiet gegenüber den anderen Stählen geringfügiger zu höheren Temperaturen verschoben werden (Bild 15). Der durch die Simulation der ersten Lagenschweißung gebildete Martensit unterscheidet sich nur wenig von dem der zweiten Lage. Die Martensitnadeln werden etwas feiner, was den fast gleichen Verlauf der Kerbschlagzähigkeits-Temperaturkurven erklärt.

Nach vierfacher Anlaßbehandlung der Überhitzungszone der
ersten Lage (5-Lagenschweißsimulation) hat sich das Gefüge teilweise eingeformt. Es sind noch Restbereiche martensitisch-nadeligen Gefüges zu erkennen. Im Vergleich
zum Grundwerkstoff besitzt dieses mehrfach vergütete Gefüge bessere Kerbschlagzähigkeitswerte im Mischbruchgebiet.

Die Werte in der Hochlage liegen etwas niedriger, was
auf einen veränderten Ausscheidungszustand der Mikrolegierungselemente zurückgeführt werden kann.

Da in Schweißverbindungen Risse auftreten können, wurden
auch Kerbschlagzähigkeitsuntersuchungen an schweißsimulierend behandelten Proben mit Ermüdungsanriß durchgeführt. Durch diese Kerbverschärfung werden die Übergangstemperaturen bei allen Versuchsstählen zu höheren Temperaturen verschoben und die maximale Kerbschlagzähigkeit
abgesenkt.

2.1.2. Einfluß der Abkühlzeit $\Delta t_{8/5}$ auf die Kerbschlagzähigkeit

Neben der Lagenzahl hat auch die Abkühlzeit $\Delta t_{8/5}$ Einfluß auf die Gefügeausbildung und die mechanischen Eigenschaften der WEZ. Durch die bessere Vergütbarkeit des bei
geringer Abkühlzeit zunehmend martensitischen Gefüges der
ersten Lage und geringerer Sekundärkorngröße verschiebt
sich der Steilabfall der a_K-T-Kurven nach Fünflagenschweißsimulation zu tieferen Temperaturen, während die maximalen
Kerbschlagzähigkeitswerte erhöht werden.

Eine Erhöhung des Wärmeeinbringens von 12 auf 18 und
25 kJ/cm führte beim Unterpulverschweißen eines 12 mm
Bleches des MnMoNb-Feinkornstahls zu $\Delta t_{8/5}$-Werten von 5,
12 und 22 Sekunden. Dabei zeigen die Kerbschlagzähigkeitstemperatur-Kurven der entsprechenden Fünflagenschweißsimulation deutlich eine Verschiebung des Steilabfalls zu
tieferen Temperaturen mit abnehmender Abkühlzeit (Bild 16).
Dieser Effekt kann durch eine bessere Vergütbarkeit des
bei geringer Abkühlzeit homogeneren bainitischen Gefüges
der ersten Lage und geringerer Korngröße erklärt werden.

Abb. 17 zeigt die Abhängigkeit der Kerbschlagzähigkeit
von fünflagenschweißsimulierten Proben des Feinkornstahles B (St E 47) von der Abkühlzeit $\Delta t_{8/5}$. Dieser stark
sulfidzeilige Stahl weist nach vierfacher Anlaßbehandlung
beim Mehrlagenschweißen in der Hochlage bessere Zähigkeitswerte als der Grundwerkstoff auf. Die Mischbruchgebiete
liegen aber bei höheren Temperaturen. Die Verringerung der
Abkühlzeit von 15 auf 12 Sekunden führt zu keiner Verbesserung der Verformungseigenschaften der Überhitzungszone.
Eine weitere Verminderung der Abkühlzeit $\Delta t_{8/5}$ auf 5 Sekunden verschiebt die Übergangstemperaturen um ca. 35°C
zu tieferen Werten.

Auch bei Stahl C (St 52-3) wird durch Absenken der Abkühlzeit verformungsfreudigeres Gefüge nach Mehrlagenschweißsimulation erzielt (Bild 18).

Das Diagramm zeigt, daß sich der Steilabfall bei Abkühlzeiten unter 5 Sekunden nicht mehr zu tieferen Temperaturen verschiebt.

Es wird ein Grenzwert erreicht, da bei einer Abkühlzeit
$\Delta t_{8/5}$ von 5 Sekunden nach einer Lage schon reiner Mar-

tensit vorliegt. Durch eine höhere Verspannung des Gefüges der ersten Lage und der folglich leichteren Vergütbarkeit nach Verringerung der Abkühlzeit auf 2,5 Sekunden besitzt das Fünflagengefüge der Überhitzungszone der WEZ bessere Zähigkeitseigenschaften in der Hochlage.

Aus den Ergebnissen der untersuchten Stähle geht hervor, daß Gefüge mit möglichst hohem Martensitanteil der ersten Lage die besten Kerbschlagzähigkeitswerte nach Mehrlagenschweißung infolge besserer Vergütung ergeben. Diese Gefügezustände werden durch geringes Wärmeeinbringen bzw. kurze Abkühlzeiten erzielt.

2.2. Rißzähigkeit der simulierten Gefüge der WEZ

Zur quantitativen Beurteilung einer rißbehafteten Schweißverbindung bezüglich ihrer Sprödbruchanfälligkeit ist es erforderlich, das Rißzähigkeitsverhalten des verformungsärmsten Gefüges zu ermitteln.

Hierbei ist es von Interesse, wie sich die entstehenden Gefüge nach Simulation einer Ein- und Mehrlagenschweißung auf die Bruchzähigkeitskennwerte auswirken.

In den Untersuchungen wurden daher dynamische Bruchzähigkeitskennwerte an schweißsimulierten Kerbschlagbiegeproben mit Ermüdungsanriß bestimmt.

Die Ermüdungsanrisse wurden nach den ASTM-Richtlinien eingeschwungen und die Versuche bei einer Schlaggeschwindigkeit von 1 m/s durchgeführt.

In Abb. 19 ist das dynamische Rißzähigkeits-Temperatur-Schaubild des MnMoNb-Stahls A dargestellt. Die Rißzähigkeitswerte des thermomechanisch behandelten Grundwerkstoffs werden durch das Schweißen der ersten Lage stark verringert. Sie verbessern sich zwar wieder durch die Wärmebehandlungen der nachfolgenden Lagen, die Werte des thermomechanisch behandelten Grundwerkstoffs werden aber nicht wieder erreicht.

Der wasservergütete Stahl D (St E 70), der bei einer Abkühlzeit $\Delta t_{8/5}$ von 12 Sekunden nach Simulation der ersten Lage in der WEZ in Martensit umwandelt, zeigt gegenüber dem vergüteten Ausgangszustand niedrigere dynamische Rißzähigkeitswerte. Infolge der Anlaßbehandlung durch Mehrlagensimulation wird die Rißzähigkeit verbessert, erreicht aber nicht die des Grundwerkstoffs (Bild 20).

Im Gegensatz zu den vergüteten und thermomechanisch behandelten Stählen tritt bei den schweißsimulierend behandelten normalisierten Stählen St E 47 und St 52-3 eine Abnahme der Rißzähigkeit mit zunehmender Lagenzahl auf.

So zeigt sich das Martensit-Bainit-Mischgefüge des Stahles B (St E 47) nach Einlagensimulation dem Gefüge des normalisierten Grundwerkstoffes in seiner dynamischen Rißzähigkeit überlegen (Bild 21). Durch die nachfolgenden thermischen Beanspruchungen der weiteren Lagen, durch die das Gefüge stark eingeformt wird, verringern sich die Bruchzähigkeitswerte.

Auch bei dem normalisierten Feinkornbaustahl C (St 52.3) ist das gleiche Werkstoffverhalten zu erkennen (Bild 22). Das martensitisch-bainitische Gefüge, das in der Überhitzungszone durch die erste Lagenschweißung erzeugt wird, besitzt eine gleichfalls wesentlich höhere Rißzähigkeit als das Ferrit-Perlit-Gefüge im Ausgangszustand (23). Durch

die zweite Lage wird das Gefüge der WEZ der ersten Lage
erneut austenitisiert und wandelt entsprechend der niedrigeren Spitzentemperatur von 1000°C in feinkörnigeres martensitisches Gefüge mit zunehmenden Anteilen an Bainit
um. Dieser Gefügezustand weist gegenüber dem martensitischen eine geringere Rißzähigkeit auf.

Durch die weiteren Lagenschweißungen verändern sich die
Bruchzähigkeitseigenschaften nur noch unwesentlich; sie
liegen aber über denen des Grundwerkstoffes.

2.3. Festigkeitseigenschaften der Gefüge der WEZ nach Ein- und Mehrlagenschweißungen

Durch das Schweißen einer Lage entsteht in der Überhitzungszone der WEZ ein Härtungsgefüge mit hohen Festigkeits- und verminderten Dehnungswerten. Der Einfluß der mehrfachen Wärmebehandlungen durch das Mehrlagenschweißen auf diese Werkstoffeigenschaften wurde an simulierten Kleinproben im Zugversuch untersucht. Hierbei betrug die Meßlänge der Kleinproben 10 mm. Diese wurde der Mitte der schweißsimulierten Probenkörpern entnommen, die ein homogenes Gefüge enthielten.

Am Beispiel des MnMoNb-Stahls A wird deutlich, daß durch Schweißen der ersten Lage die Werte der Zugfestigkeit und Streckgrenze in der Überhitzungszone der WEZ infolge der Umwandlung in grobkörniges bainitisches Gefüge ansteigen. Sie verringern sich wieder durch die nachfolgenden normalisierenden und vergütenden thermischen Behandlungen der weiteren Lagen. Die Festigkeits- und Zähigkeitswerte liegen nach einer Fünflagenschweißsimulation über denen des Grundwerkstoffs (Bild 23).

Stahl B (St E 47) härtet bei der Einlagensimulation wesentlich stärker auf und erreicht daher auch höhere Festigkeitswerte als Stahl A. Das Härtungsgefüge der ersten Lage zeichnet sich durch Abfall der Zähigkeit gegenüber dem Grundwerkstoff aus. In gleichem Maße, wie sich durch die Mehrlagenschweißung die Festigkeitswerte verringern, steigen die Verformungswerte an (Bild 24). Außer der Brucheinschnürung liegen die Kennwerte über denen des Grundwerkstoffs.

Ebenso verhält sich der unlegierte Feinkornbaustahl C
(St 52-3). Er zeigt von allen Versuchsstählen die größte
Verminderung der Festigkeits- bzw. stärkste Erhöhung der
Zähigkeitswerte in Abhängigkeit von der Lagenzahl (Bild 25).

Die Streckgrenze und Zugfestigkeit des wasservergüteten
Stahls D (St E 70) wird durch die Simulation des Einlagenschweißtemperaturzyklus mit einer Abkühlzeit auf Werte von
1170 N/mm^2 bzw. 1330 N/mm^2 angehoben. Wie bei dem perlitfreien MnMoNb-Stahl A verändern sich die Brucheinschnürung und Bruchdehnung durch die Mehrlagenwärmebehandlungen nur wenig (Bild 26).

Nach der Fünflagenschweißsimulation werden noch 1030 N/mm^2
bzw. 940 N/mm^2 für die Zugfestigkeit bzw. Streckgrenze gemessen.

Die Steigungen der Kurven der Abhängigkeit der Festigkeits- und Verformungseigenschaften von der Lagenzahl werden von den gegenläufigen Effekten der vergütenden Wirkung und der Feinkornbildung bzw. Ausscheidungshärtung während der zweiten bis fünften Lage bestimmt.

Da bei den höher mikrolegierten Stählen A, B und D die
Ausscheidungshärtung wesentlich mitwirkt, sind die Kurven-
verläufe flacher als bei Stahl C (St 52-3), der nur geringe
Gehalte an feinkornbildendem Aluminium enthält.

3. Untersuchungen an Realschweißungen

Während an Schweißsimulationsproben wegen des breiten Proben-
volumens gleichen Gefügezustands reproduzierbare Festigkeits-
und Zähigkeitsuntersuchungen durchgeführt werden können, sind
zur Ermittlung der mechanischen Eigenschaften von Wärmeeinflußzonen realer Ein- und Mehrlagenschweißungen nur Härtemessungen und erst bei Mehrlagenschweißungen höherer Lagenzahl Kerbschlag- und Rißzähigkeitsuntersuchungen sinnvoll.

3.1. Härteverlauf in der Schweißnaht nach Ein- und Mehrlagen-schweißung

Die Härtemessungen (HV 0,3) wurden an Stufenschweißungen
vorgenommen, wobei nach Schweißen der Wurzel einer Halb-
V-Naht der Beginn der zweiten und weiteren Lagen so ver-
setzt wird, daß der Anfang der vorherigen Lage nicht über-
schweißt wird. Der Härteverlauf wurde jeweils in der ersten
Lage bestimmt und der Einfluß der Wärmebehandlung durch
weitere Lagen auf die Härte in dieser ersten Lage gemessen.

Die Härteverläufe des perlitfreien MnMoNb-Stahls A in Abhängigkeit von der Lagenzahl sind in Bild 27 dargestellt.
Durch den niedrigen Kohlenstoffgehalt dieses Stahls ist
die Aufhärtung in der WEZ nach einer Einlagenschweißung
gering. Die nachfolgenden Lagen, die die WEZ umkörnen oder
nur anlassen, vermindern die Härte im Schweißgut und in der
WEZ. Ein "Härtesack", d.h. ein Absinken der Härte durch
Anlaßvorgänge bzw. Auflösung und Globulierung von ausscheidungshärtenden Mikrolegierungselementen, wie er beim Schweißen von Vergütungsstählen auftreten kann, konnte nicht fest-
gestellt werden.

Die Schweißproben der Stähle B (St E 47) und C (St 52-3)
zeigen prinzipiell den gleichen Verlauf der Härtekurven,
wobei aber die absoluten Härtewerte von der Abkühlzeit und
dem Kohlenstoffäquivalent der chemischen Zusammensetzung
stark abhängig ist. So härtet Stahl B (St E 47) bei einer
Abkühlzeit von 5 s bis zu 360 kp/mm² HV nach Einlagenschweißung auf (Bild 28). Mit zunehmendem Abstand von der
Schmelzlinie ergibt sich durch ein verändertes Umwandlungsverhalten infolge geringerer thermischer Beanspruchung ein
Abfallen der Härtewerte bis auf das Niveau des Grundwerkstoffs.

Die Härtekurven des Stahls C (St 52-3) zeigen einen flachen
Verlauf, da die Abkühlzeit $\Delta t_{8/5}$ 15 Sekunden beträgt. Die
Breite der aufgehärteten WEZ ist dadurch schmaler als bei
dem Stahl B (St E 47) (Bild 29).

Bild 30 zeigt den Härteverlauf entlang der Schmelzlinie
einer Fünflagen-Schweißung des Stahls B (St E 47). Der
Härteverlauf über die Schweißgutdicke ist annähernd konstant; an den Schnittpunkten der Einflußbereiche der Schweiß-
wärme entstehen Härtespitzen, die durch die sich über-
schneidende schalenförmige Ausbildung der Wärmeeinflußbe-
reiche erklärt werden können. Die Härte des Schweißgutes steigt mit
Annäherung an die Nahtoberfläche nicht an, da die zuletzt

geschweißte Raupe durch den nachfolgenden senkrecht wirkenden Lichtbogen teilweise wiederaufgeschmolzen wird und die darunter liegenden Schweißraupen optimal vergütet und angelassen werden.

Nicht ganz so günstig wirkt der thermische Einfluß der nachfolgenden Lagenschweißungen auf die WEZ. Mit Annäherung an die Decklage steigt die Härte an, da die oberen Lagen nur von einer geringeren Anzahl von Temperatur-Zyklen effektiv wärmebehandelt wurden.

3.2. Einfluß der Abkühlzeit $\Delta t_{8/5}$ auf die Kerbschlagzähigkeit der WEZ von Realschweißungen (Fünflagen-UP-Schweißungen)

Um zu überprüfen, in wieweit die Zähigkeitseigenschaften der schweißsimulierten Gefügezustände der Überhitzungszone der WEZ mit denen von Realschweißungen nach Fünflagenschweißung vergleichbar sind, wurden Proben quer zur Schweißnaht entnommen, wobei die Kerbe in die Überhitzungszone gelegt wurde.

Die Anwendung des Kerbschlagbiegeversuchs an Realschweißungen läßt nur bedingt Rückschlüsse auf die Zähigkeitseigenschaften eines einzelnen Bereichs der WEZ ziehen, da beim Kerbschlagbiegeversuch durch die temperaturabhängige Größe der plastischen Zone im Kerbgrund ein mehr oder weniger großer Teil der WEZ und des Schweißguts erfaßt wird. Die ermittelten Zähigkeitswerte stellen daher Integralwerte der Eigenschaften der erfaßten Gefügebereiche dar. Ferner ergeben sich durch eine unterschiedliche Rißausbreitung in den sehr schmalen und schalenförmig ausgebildeten Einzelbereichen der WEZ stark streuende Zähigkeitswerte. Deshalb stellen die Kerbschlagzähigkeitswerte in den Bildern 31 - 33 jeweils die Mittelwerte eines Streubandes dar, welches wegen der Übersichtlichkeit der Darstellung nicht eingezeichnet werden konnte. Im Mittel beträgt die Breite der Streubänder $\pm$ 30 J/cm^2.

Bei unterpulvergeschweißten 12 mm Blechen des MnMoNb-Stahls A (Bild 30) die mit Wärmeeinbringen von 12, 18 und 25 kJ/cm verschweißt wurden, zeigte sich eine Abhängigkeit der Kerbschlagzähigkeits-Temperaturkurven vom Wärmeeinbringen bzw. von der Abkühlzeit. Die Verschiebung der Mischbruchgebiete mit abnehmenden $\Delta t_{8/5}$-Werten stimmte bei Abkühlzeiten von 22 und 12 s mit den Simulationsversuchen überein. Es wurden jedoch geringere Verschiebungen beobachtet. Bei dem geringsten Abkühlzeitwert von 5 s lag der Bereich des Steilabfalls allerdings bei höheren Temperaturen.

Bei Stahl B und C stimmt die Verschiebung der Kerbschlagzähigkeits-Temperaturkurve der WEZ der Fünflagen-UP-Schweißungen in Abhängigkeit von der Abkühlzeit mit der der simulierten Fünflagenschweißungen bei allen Abkühlzeiten überein (Bilder 31, 32).

Über die Verbesserung der Zähigkeitseigenschaften mit abnehmender Abkühlzeit $\Delta t_{8/5}$ wurde auch bereits im Schrifttum berichtet (24).

Über das schlechtere Abschneiden des MnMoNb-Stahls A bei einer Abkühlzeit von 5 s gegenüber den Werten bei den Abkühlzeiten von 12 und 22 Sekunden können aus den durchgeführten Untersuchungen keine Aussagen gemacht werden.

4. Zusammenfassung

Das Umwandlungsverhalten der Stähle in der Wärmeeinflußzone bedingt beim Schweißen eine Veränderung der mechanischen Eigenschaften des Grundwerkstoffs. Es wurde das Umwandlungsverhalten von drei mikrolegierten Feinkornbaustählen, einem perlitfreien thermomechanisch behandelten MnMoNb-Baustahl, dem Stahl St E 47 und dem Stahl St 52-3 unter schweißpraxisnahen Austenitisierungsbedingungen aufgestellt. Dazu war die Kenntnis der thermischen Vorgänge in der WEZ nötig, welche anhand von Schweißtemperaturzyklen dargestellt werden. Das Umwandlungsverhalten der Stähle wird für die Grobkornzone (1350°C Spitzentemperatur) und die Feinkornzone (1000°C) in Schweiß-ZTU- und Kühlzeit-Temperatur-Umwandlungsschaubildern angegeben. Die Umwandlungsfähigkeit der Stähle in der gesamten WEZ (Bereich mit 1000°C - 1400°C Maximaltemperatur) wird durch Spitzentemperatur-Abkühlzeit-Diagramme dargestellt.

Die Ergebnisse zeigen, daß alle mikrolegierten Versuchsstähle in der WEZ beim Schweißen mit kleinen und mittleren Wärmeeinbringen d.h. kurzen Abkühlzeiten insbesondere in relativ verformungsfähiges martensitisch-bainitisches Gefüge umwandeln.

Das verformungsärmste Glied der Wärmeeinflußzone einer Schweißnaht bestimmt die Gesamteigenschaften einer Schweißverbindung. Beim Schweißen einer Lage entsteht in der Überhitzungszone der WEZ grobkörniges verformungsarmes Gefüge. Durch die weiteren Lagen werden die Grobkorngefüge der WEZ umgekörnt und angelassen. Die Abhängigkeit der mechanischen Eigenschaften der Überhitzungszone von der Lagenzahl wurde deshalb an ein- und mehrlagenschweißsimulierten Kleinproben der Feinkornbaustähle St E 47, St 52-3, St E 70 und eines thermomechanisch behandelten perlitfreien MnMoNb-Baustahls untersucht.

Die Ergebnisse der Kerbschlagzähigkeitsuntersuchungen zeigen, daß sich die durch die erste Lage stark verminderten Verformungskennwerte mit zunehmender Lagenzahl verbessern und sogar die der Grundwerkstoffe erreichen können.

Weiterhin ist ein bedeutender Einfluß der Abkühlzeit $\Delta t_{8/5}$ auf die mechanischen Eigenschaften der Überhitzungszone der WEZ zu erkennen, wobei die Gefüge, die bei der kleinsten Abkühlzeit entstanden waren, die besten Zähigkeitseigenschaften aufweisen. Dieses wurde auch durch Kerbschlagzähigkeitsuntersuchungen an Fünflagen-UP-Schweißungen gefunden.

Die Rißzähigkeitswerte, die an Kerbschlagproben mit Ermüdungsanriß ermittelt wurden, veränderten sich auch durch das sich mit zunehmender Lagenzahl einstellende Anlaßgefüge. Die Tendenz der Rißzähigkeitsänderung ist aber in besonderem Maße abhängig von dem Ausgangsgefüge des Grundwerkstoffs. So verbessern sich die durch Schweißen der ersten Lage stark verringerten Rißzähigkeitswerte des thermomechanisch behandelten und des vergüteten Feinkornbaustahls mit zunehmender Lagenzahl, während bei den normalisierten Stählen die guten Rißzähigkeitswerte des martensitisch-bainitischen Überhitzungsgefüges der ersten Lage durch die weiteren simulierten Lagenschweißungen bis auf die Werte des Grundwerkstoffs abgesenkt werden.

Die im Zugversuch ermittelten Kennwerte ς_S, ς_B, δ und ψ ergaben aufgetragen über der Lagenzahl eine Darstellung, die einem Vergütungsschaubild entspricht. Durch das Schweißen der ersten Lage wird in der WEZ ein Gefüge mit hoher Festigkeit erzeugt. Dementsprechend vermindern sich die Bruchdehnung und Brucheinschnürung. Durch die Anlaßwirkung der weiteren Lagen nimmt die Festigkeit ab und die Dehnungswerte zu. Selbst nach einer Fünflagenschweißsimulation liegen die Festigkeitswerte der WEZ noch über denen des Grundwerkstoffs. Es tritt folglich keine Schwächung der Bauteilfestigkeit nach dem Schweißen auf.

Da es nicht sinnvoll ist, Festigkeitsuntersuchungen an Proben der heterogen aufgebauten Wärmeeinflußzonen von Realschweißungen durchzuführen, dienten Härtebestimmungen in der Schweißnaht zur Charakterisierung des veränderten Festigkeitsverhaltens. Die Härteprofile nahmen in gleichem Maße wie die Festigkeit der schweißsimulierten Proben mit der Lagenzahl ab.

Gleichfalls werden bei der Mehrlagenschweißung Kerbschlagzähigkeitswerte in der WEZ erreicht, die denen des Grundwerkstoffes gleichkommen. Bei der Beurteilung der Sprödbruchanfälligkeit sind die Rißzähigkeitswerte der einzelnen Gefüge der WEZ zu berücksichtigen.

Die Untersuchungen zeigten, daß die unterschiedlich mikrolegierten Feinkornbaustähle eine gute Schweißeignung besitzen und daß die durch die extremen thermischen Beanspruchungen beim Schweißen der ersten Lage gelösten Verbindungen der Mikrolegierungselemente beim Ausscheiden während der nachfolgenden Lagen die Eigenschaften der Schweißnaht nur geringfügig beeinflussen.

Schrifttum

1) Räsänen, E., J. Tenkula: Phase Changes in the Welded Joints of Constructional Steels, Scand. Journal Metallurgy 1 (1972) S. 75-80

2) Rose, A.: Die Bedeutung der Zeit-Temperatur-Umwandlungsschaubilder und Ihre Anwendung in der Schweißtechnik. Schweißen und Schneiden 8 (1965) H 11 S. 442-449

3) Rykaline, N.N., M.K. Chorchorov: Particularités de la transformation de l'Austenite et de la formation de fissures froides lors du soudage par fusion Soudage et Techn. Connexes 14 (1960) H. 9-10 S. 335-346

4) Constant, A., M. Grumbach, G. Sanz: Etude des transformations de l'Austenite et de l'évolution des précipités dans des aciers à dispersoides - consequences pratiques. Revue de Métallurgie 1970 H. 11 S. 913 - 930

5) Seyffarth, P.: Vergleich zwischen dem klassischen kontinuierlichen ZTU-Schaubild und dem Schweiß-ZTU-Schaubild der Stahlmarke St 45/60 C Schweißtechnik 19 (1969) H. 12 S. 529 - 533

6) Lauprecht, W.E., H. Imgrund, P. Coldren: Thermomechanisch behandelte hochfeste schweißbare Baustähle mit kohlenstoffarmem Zwischenstufengefüge Stahl u. Eisen 93 (1973) H. 22 S. 1041 - 1054

7) Tanaka, H., S. Tani, C. Ouchi: Low Temperature Toughness of Water-Cooled and Tempered Low Carbon Manganese Steel Transactions ISIJ Vol 15 (1975) S. 19 - 26

8) Martensson, H.: The Physical Metallurgy of a High-Strength Low-Carbon Manganese Steels. Proceedings ICSTIS, Suppl. Trans. ISIJ Vol 11 (1971) S.1072-1076

9) Schmidtmann, E., H. Rippel: Umwandlungsverhalten und mechanisch-technologische Eigenschaften der WEZ aluminium-nitridhaltiger Baustähle nach simulierten Schweißtemperaturzyklen. Schweißen u. Schneiden 27 (1975) H. 10 S. 399 - 402

10) Miyoshi, E., S. Hasebe, K. Bessyo: Effect of Copper on the Weldability of Line Pipe. IIW-Doc IX-968-76

11) Dahl, W., H. Hengstenberg, H. Adrian: Einfluß von Legierungszusätzen auf die Festigkeitseigenschaften von hochfesten schweißbaren Baustählen im normalgeglühten und luftvergüteten Zustand. Stahl u. Eisen 90 (1970) H. 12 S. 613-624

12) Meyer, L., H.-E. Bühler, F. Heisterkamp: Metallkundliche und technologische Grundlagen für die Entwicklung und Erzeugung perlitarmer Baustähle. Thyssen-Forschung 3 (1971) H. 1 - 2 S. 8 - 43

13) Sastri, A.A., D.R. West: Effect of Austenitizing Conditions on the Kinetics of Martensite Formation in Certain Medium-Alloy Steels Journ. of Iron and Steel Institut 1965 H. 2 S. 138 - 145

14) Uwer, D., J. Degenkolbe: Temperaturzyklen beim Lichtbogenschweißen, Einfluß des Wärmebehandlungszustandes und der chemischen Zusammensetzung von Stählen auf die Abkühlzeit. Schweißen u. Schneiden 27 (1975) H. 8 S. 303 - 306

15) Kas, J., T.V. Adrichem: Einfluß der Schweißbedingungen auf den Abkühlverlauf in der Schweißnaht
Schweißen u. Schneiden 21 (1969) H. 5 S. 199 - 203

16) Berkhout, C., H. v.Lent: Anwendung von Spitzentemperatur-Abkühlzeit (STAZ)-Schaubildern beim Schweißen hochfester Stähle
Schweißen u. Schneiden 20 (1968) H. 6 S. 256 - 260

17) Mück, G.H., H. Großmaas: Gefügemorphologie und mechanisch-technologische Eigenschaften des Grundwerkstoffes und der Wärmeeinflußzone, in Schweißen in der Kerntechnik
Deutscher Verlag für Schweißtechnik, Band 32 (1974) S. 55-62

18) N.N.: The Weldability of Reinforcing Steel IIW-Doc. IX-916-75

19) Gnirß, G., J. Ruge: Simulation von Schweißtemperaturzyklen und ihre Anwendung zur Beurteilung der Schweißeignung eines Feinkornbaustahls
Schweißen u. Schneiden 27 (1975) H. 6 S. 221 - 224

20) Klumpes, H.: Peak-Temperatur Coolingtime Diagram of Pressure Vessel Steels ASME SA 508 cl 2 and SA-533 gr B cl 1, in Schweißen in der Kerntechnik
Deutscher Verlag für Schweißtechnik Band 32 (1974) S. 71 - 76

21) Dahl, W., H. Hengstenberg, C. Düren: Verhalten der verschiedenen Sulfidformen bei der Verformung und ihr Einfluß auf die mechanischen Eigenschaften
Stahl u. Eisen 86 (1966) H. 13 S. 796 - 817

22) Heisterkamp, F., H.-E. Bühler, L. Meyer, P. Ryder: Fraktographische Untersuchungen zum Bruchverhalten von höherfesten Feinkornbaustählen mit unterschiedlicher Einschlußausbildung
Materialprüfung 14 (1972) H. 3 S. 88 - 93

23) Piehl, K.-H.: Einfluß von chemischer Zusammensetzung, Wärmebehandlung und Gefüge auf die Eigenschaften von Nickel-Chrom-Molybdän-Vanadin-Vergütungsstählen für schwere Schmiedestücke, besonders für Niederdruck-Turbinen- und Generatorwellen.
Stahl u. Eisen 95 (1975) H. 18 S. 837 - 846

24) Degenkolbe, J., D. Uwer: Einfluß der Schweißbedingungen auf die Kerbschlagzähigkeit in der Wärmeeinflußzone von Schweißverbindungen hochfester Baustähle
Schweißen u. Schneiden 26 (1974) H. 11. S. 429 - 433

Stahl	Chemische Zusammensetzung													
	% C	% Si	% Mn	% P	% S	% Al	% N	% Cr	% Cu	% Mo	% Nb	% Ni	% V	% Zr
A	0,03	0,20	2,16	0,025	0,01	0,02	0,008	0,04	0,07	0,35	0,11	—	—	—
B	0,15	0,40	1,37	0,012	0,014	0,006	0,012	0,13	0,50	0,05	0,029	0,64	0,15	—
C	0,18	0,33	1,39	0,028	0,018	0,033	0,01	—	—	—	—	—	—	—
D	0,19	0,77	0,85	0,013	0,017	0,035	0,008	0,97	0,11	0,48	—	0,07	—	0,08

Tafel 1: Chemische Zusammensetzung der Versuchswerkstoffe

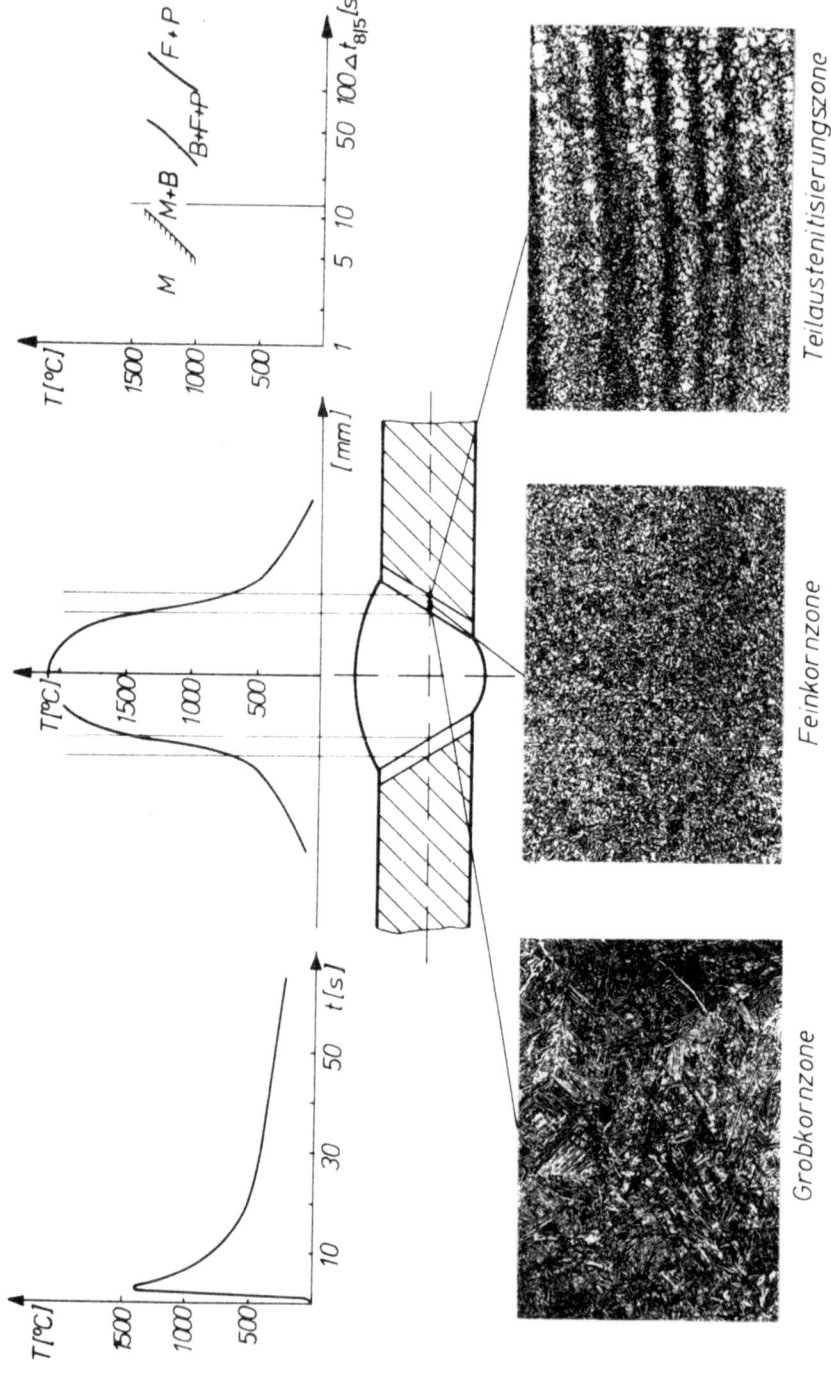

Bild 1: Temperaturverlauf und Gefüge in einer Einlagen-UP-Schweißnaht des Stahls St 52-3 ($\Delta t_{8/5}=12$ s)

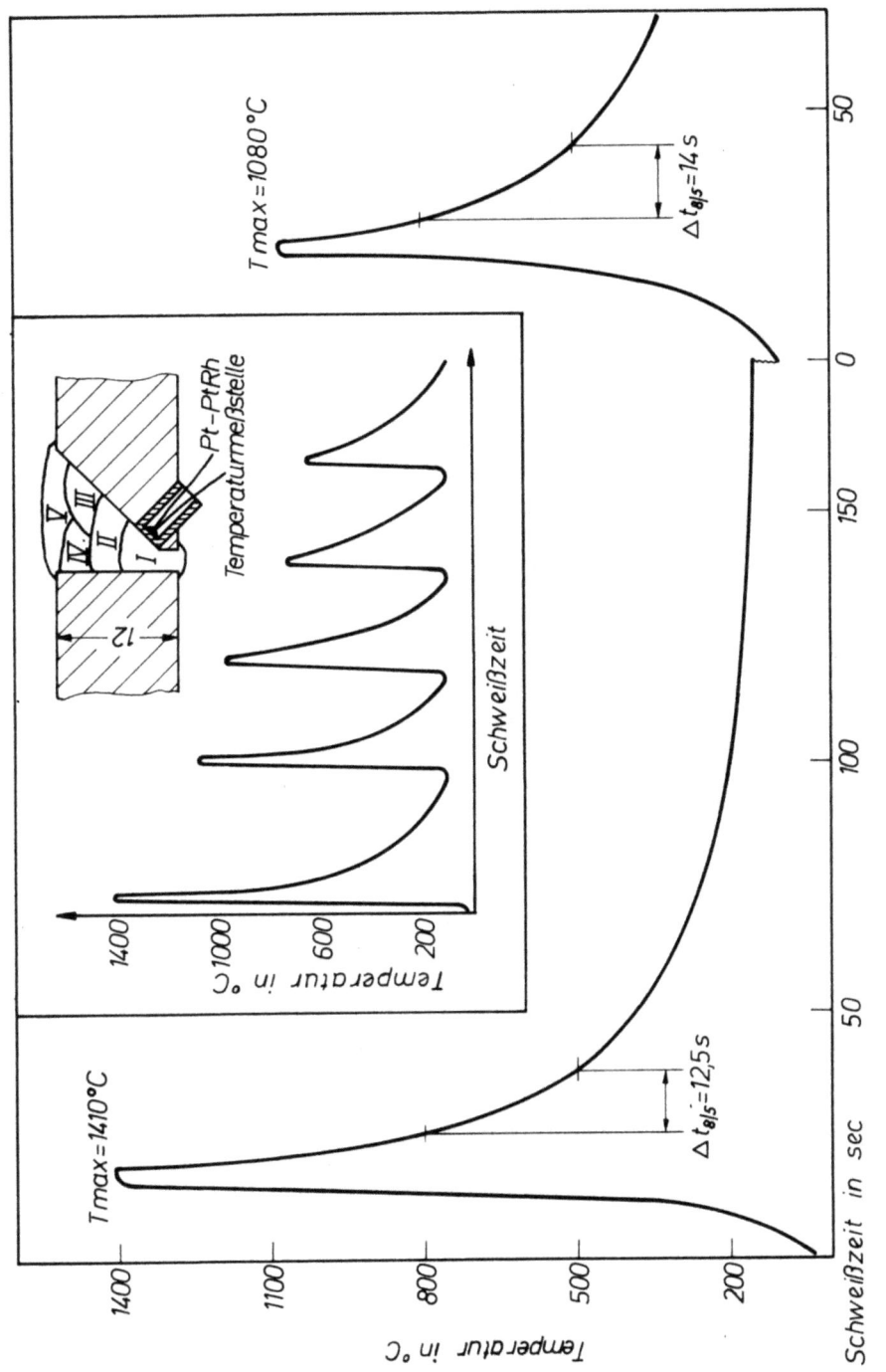

Bild 2: Schweißtemperaturzyklus einer Fünflagenlichtbogen-Handschweißung

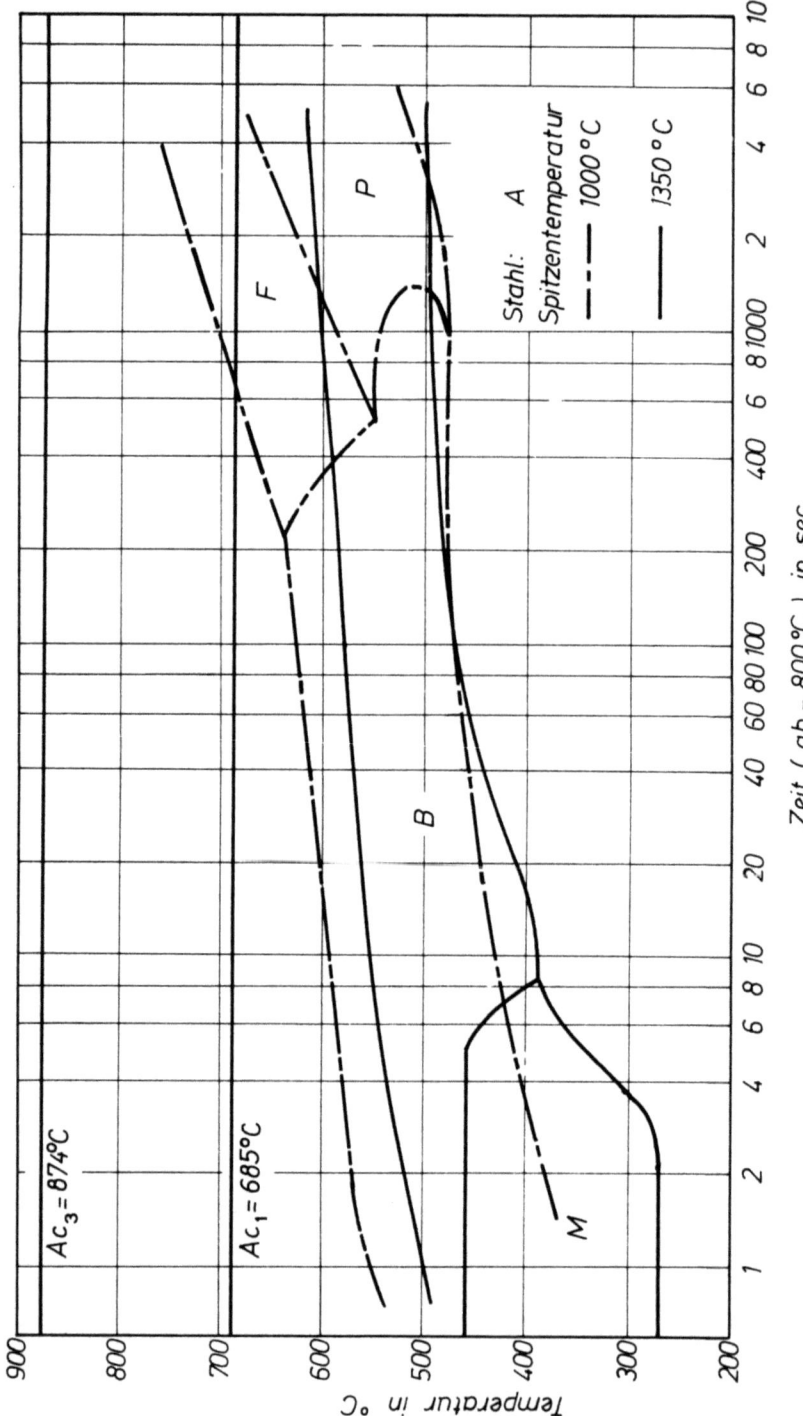

Bild 3: Kontinuierliches Zeit-Temperatur-Umwandlungsschaubild des MnMoNb-Stahls A

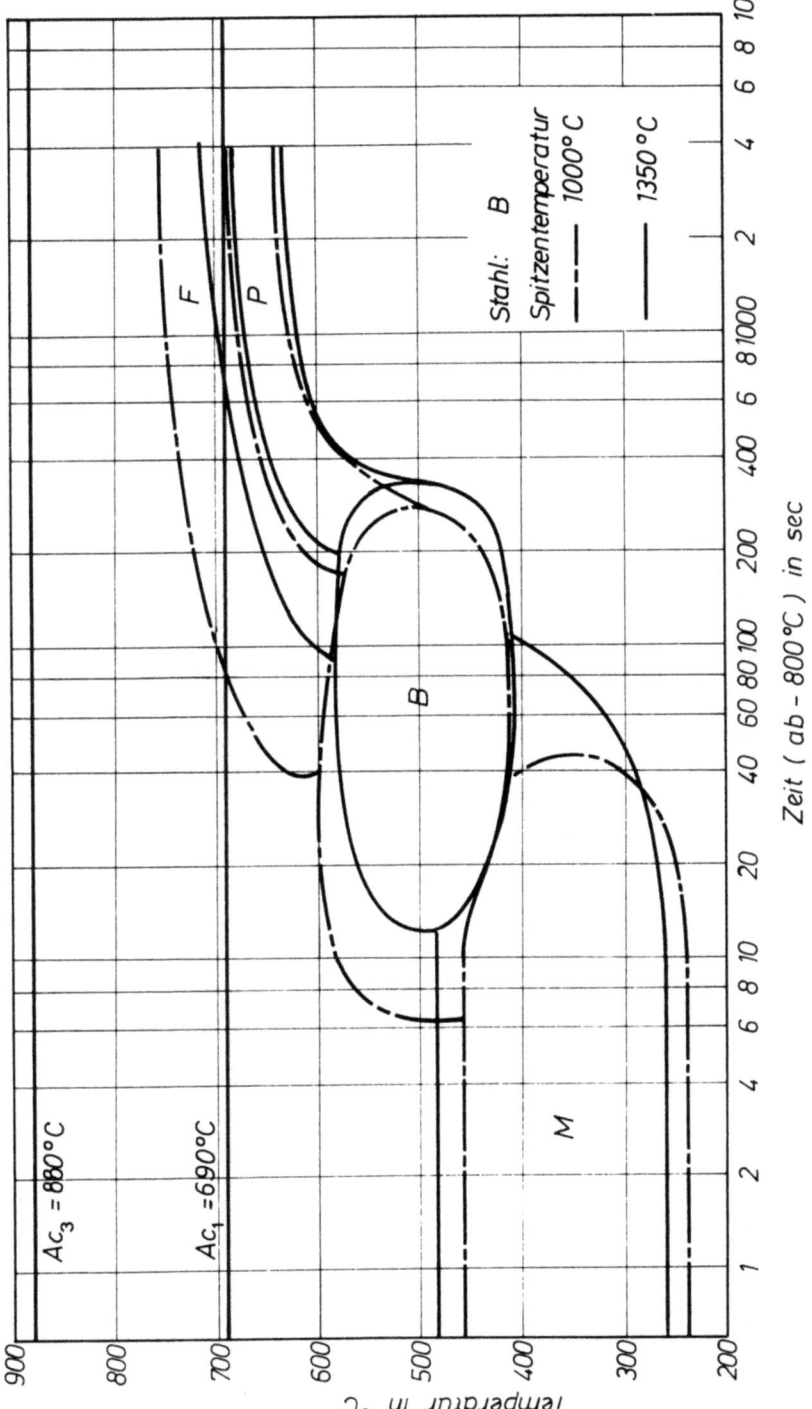

Bild 4: Kontinuierliches Zeit-Temperatur-Umwandlungsschaubild des Stahls B (St E 47)

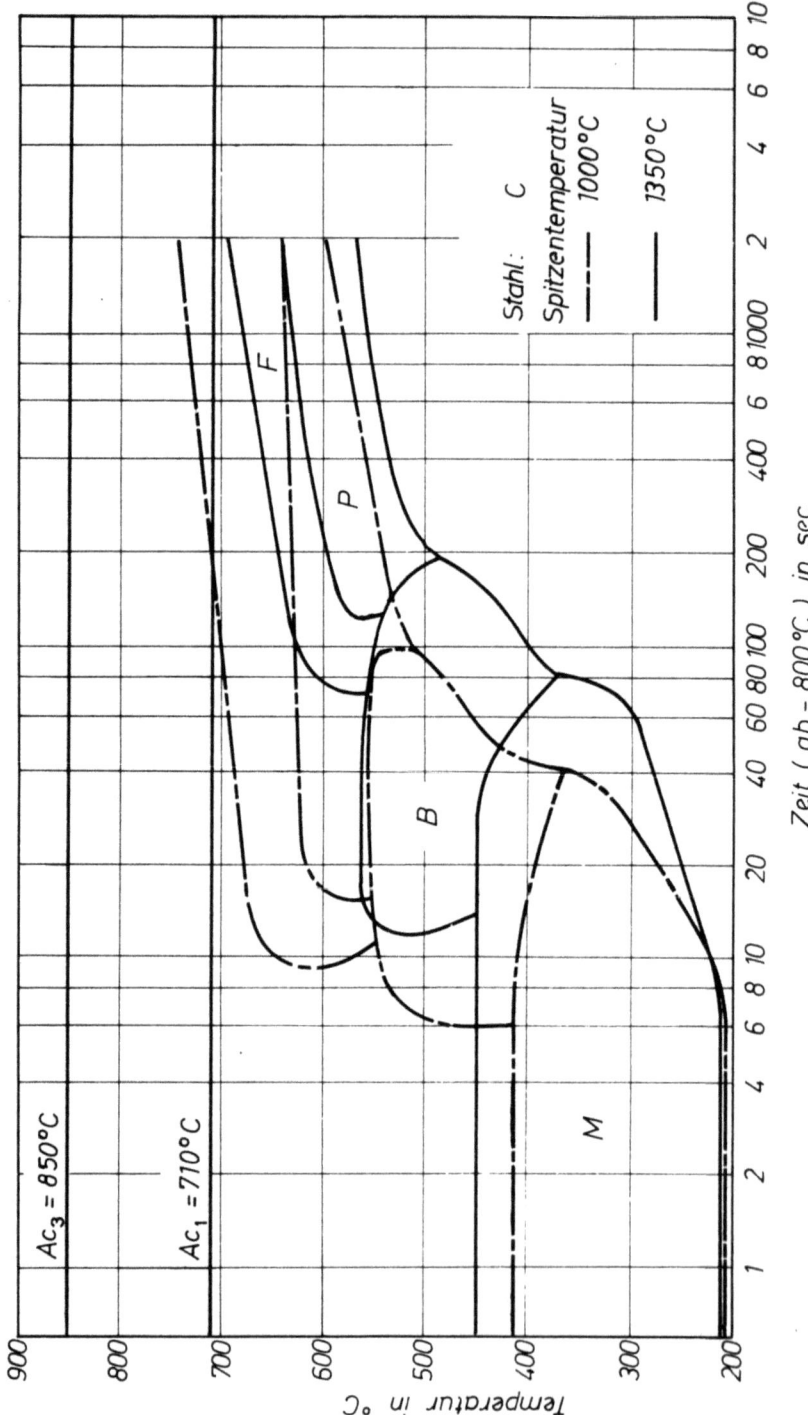

Bild 5: Kontinuierliches Zeit-Temperatur-Umwandlungsschaubild des Stahls C (St 52-3)

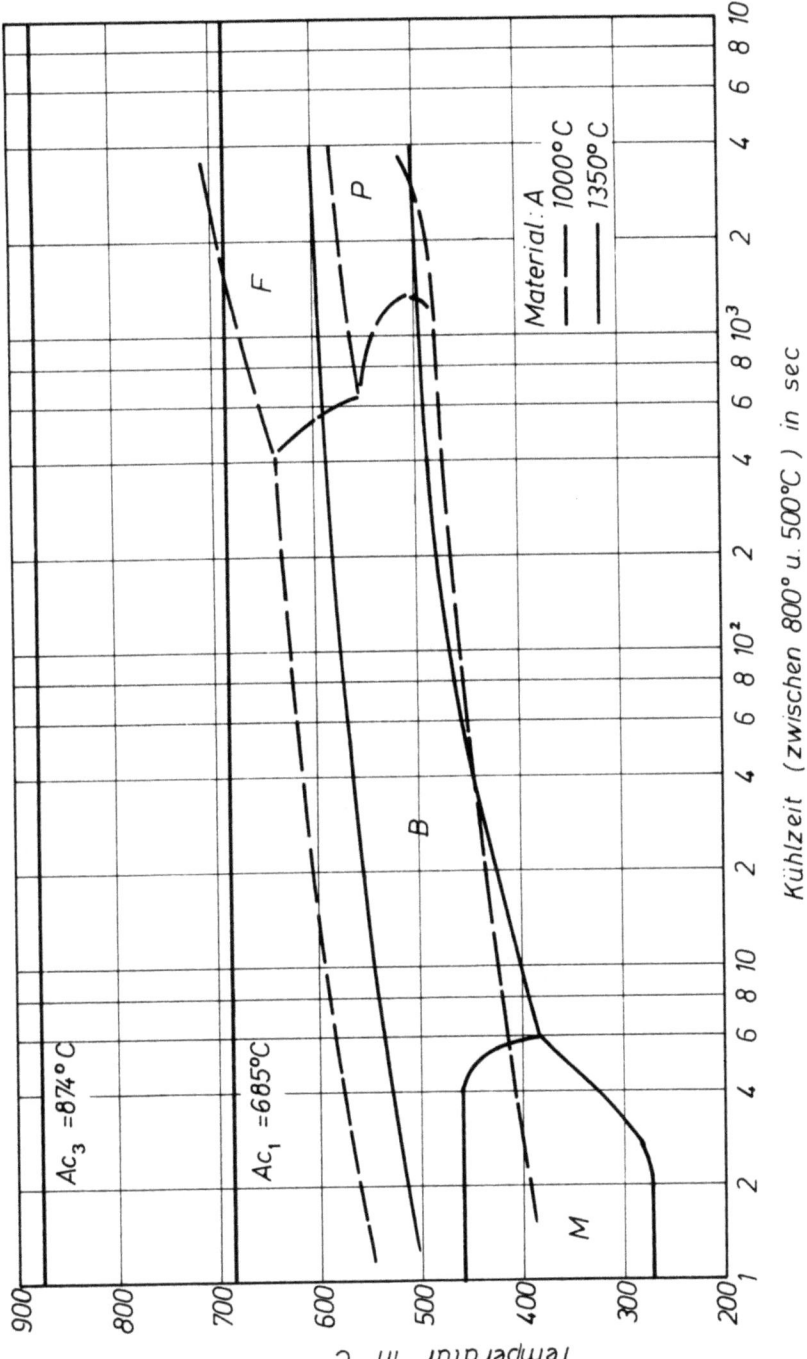

Bild 6: Kühlzeit-Temperatur-Umwandlungsschaubild des MnMoNb-Stahls A

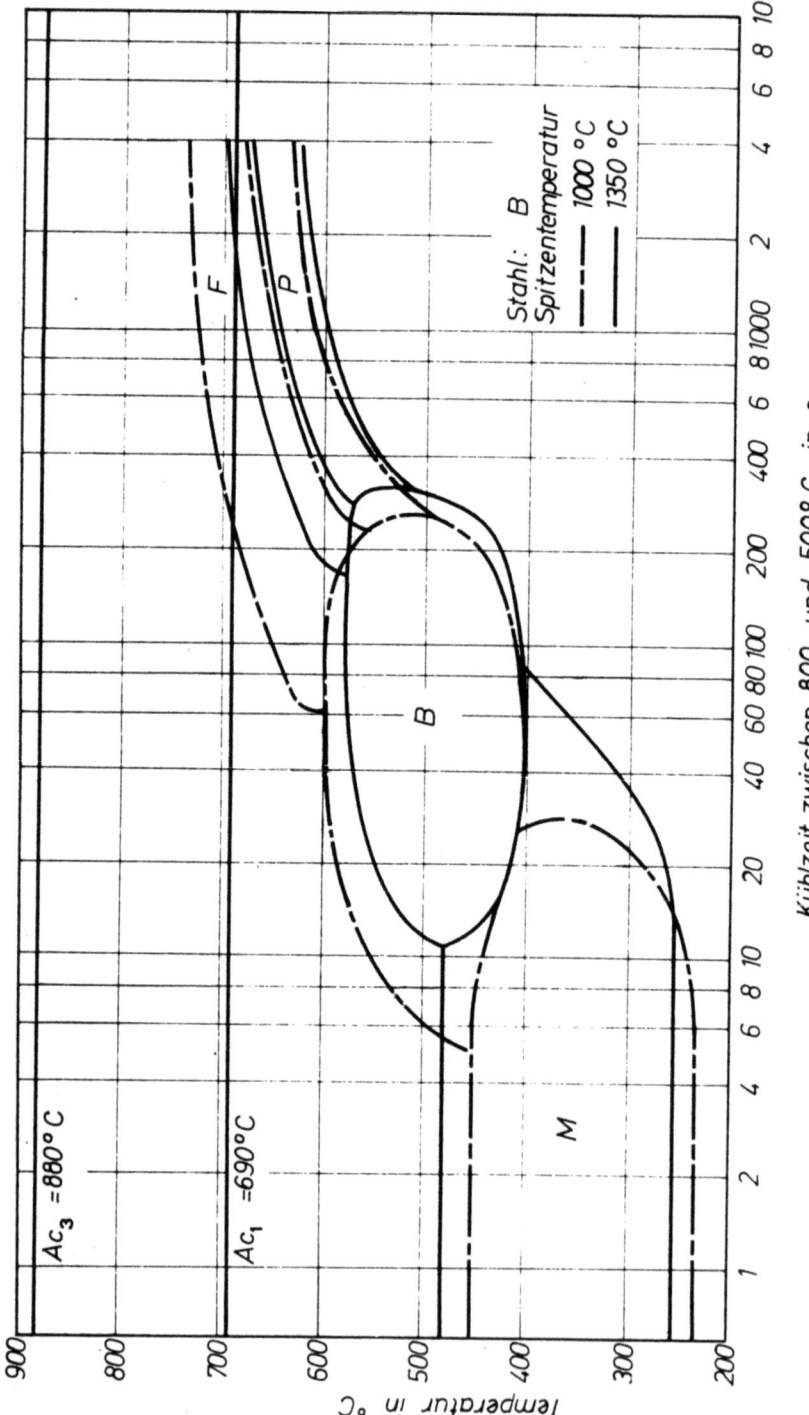

Bild 7: Kühlzeit-Temperatur-Umwandlungsschaubild des Stahls B (St E 47)

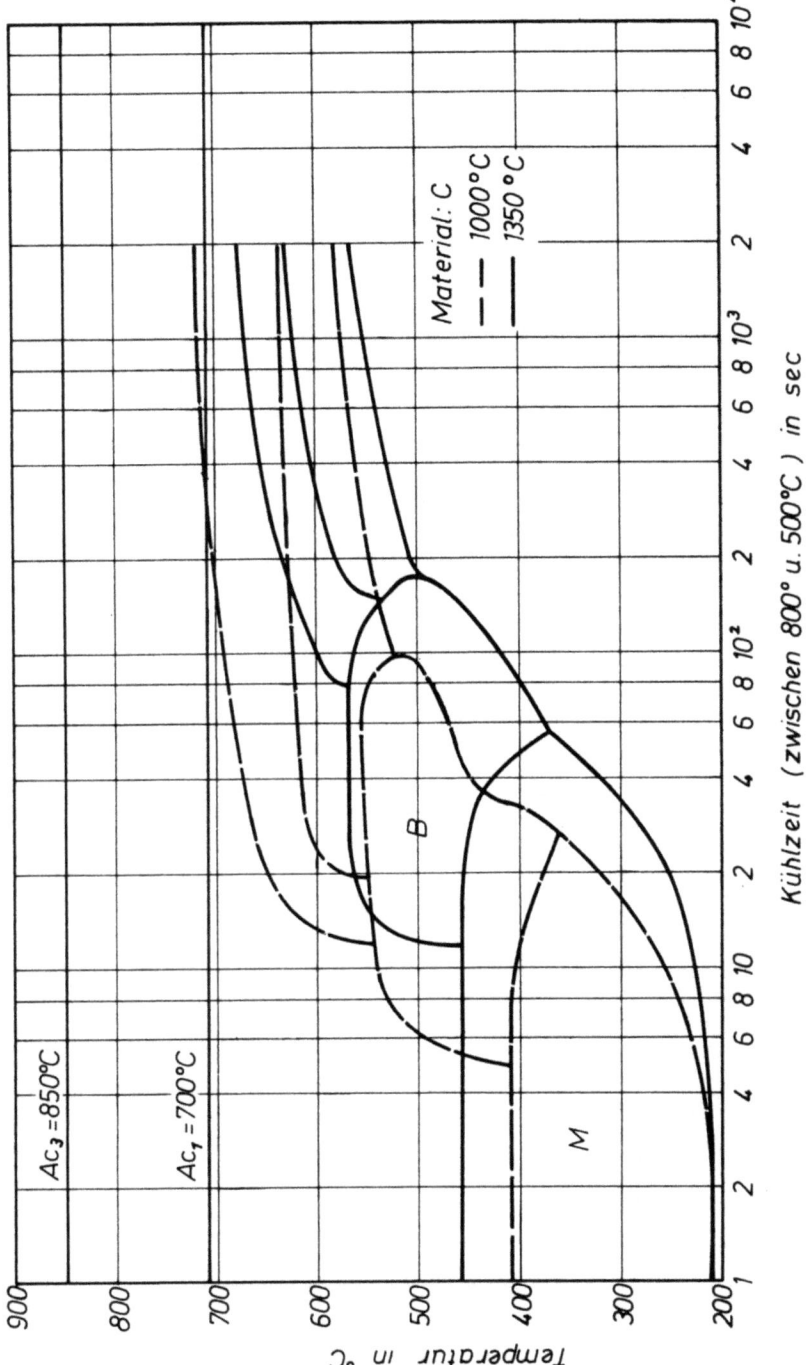

Bild 8: Kühlzeit-Temperatur-Umwandlungsschaubild des Stahls C (St 52-3)

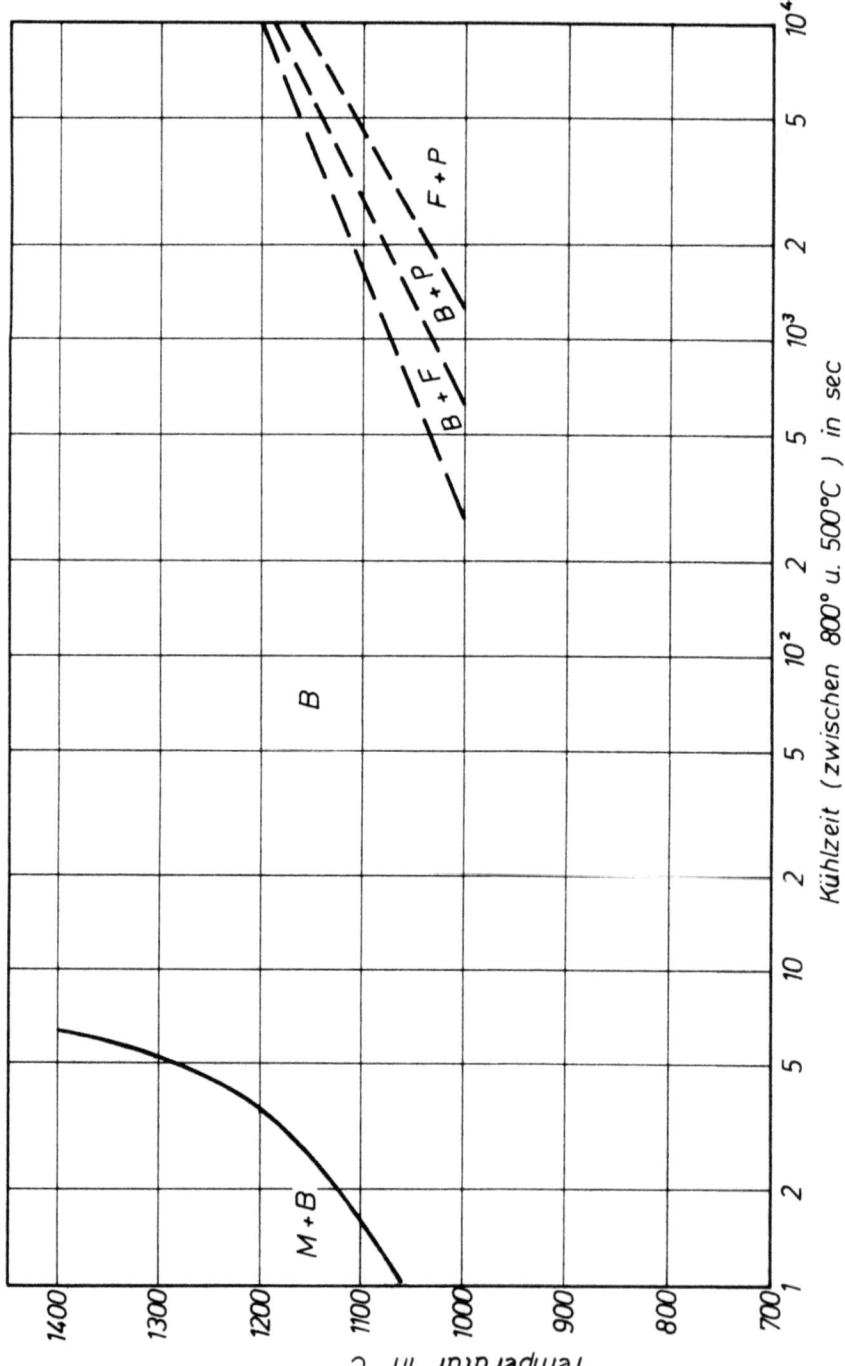

Bild 9: Spitzentemperatur-Abkühlzeit-Schaubild des MnMoNb-Stahls A

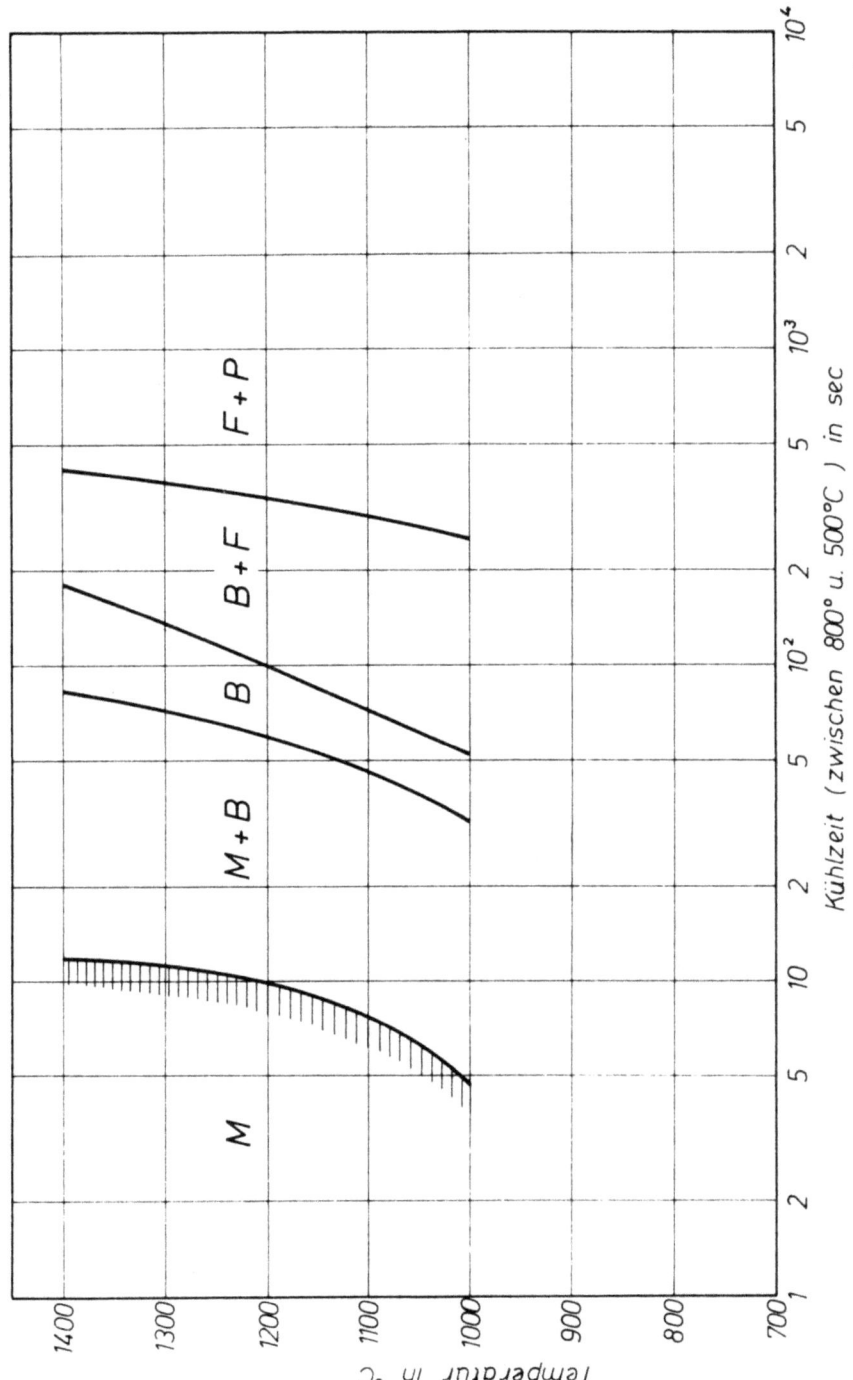

Bild 10: Spitzentemperatur-Abkühlzeit-Schaubild des Stahls B (St E 47)

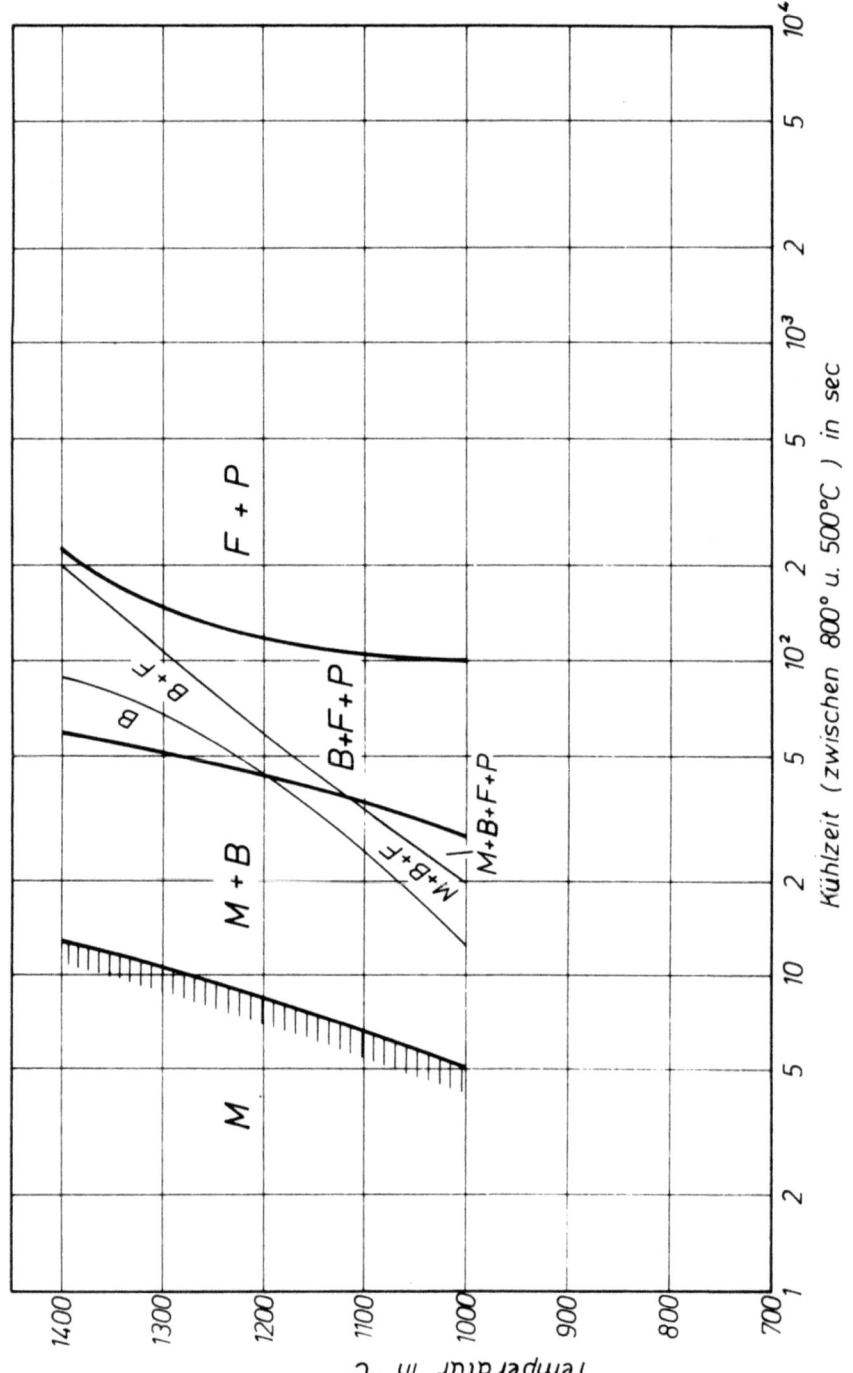

Bild 11: Spitzentemperatur-Abkühlzeit-Schaubild des Stahls C (St 52-3)

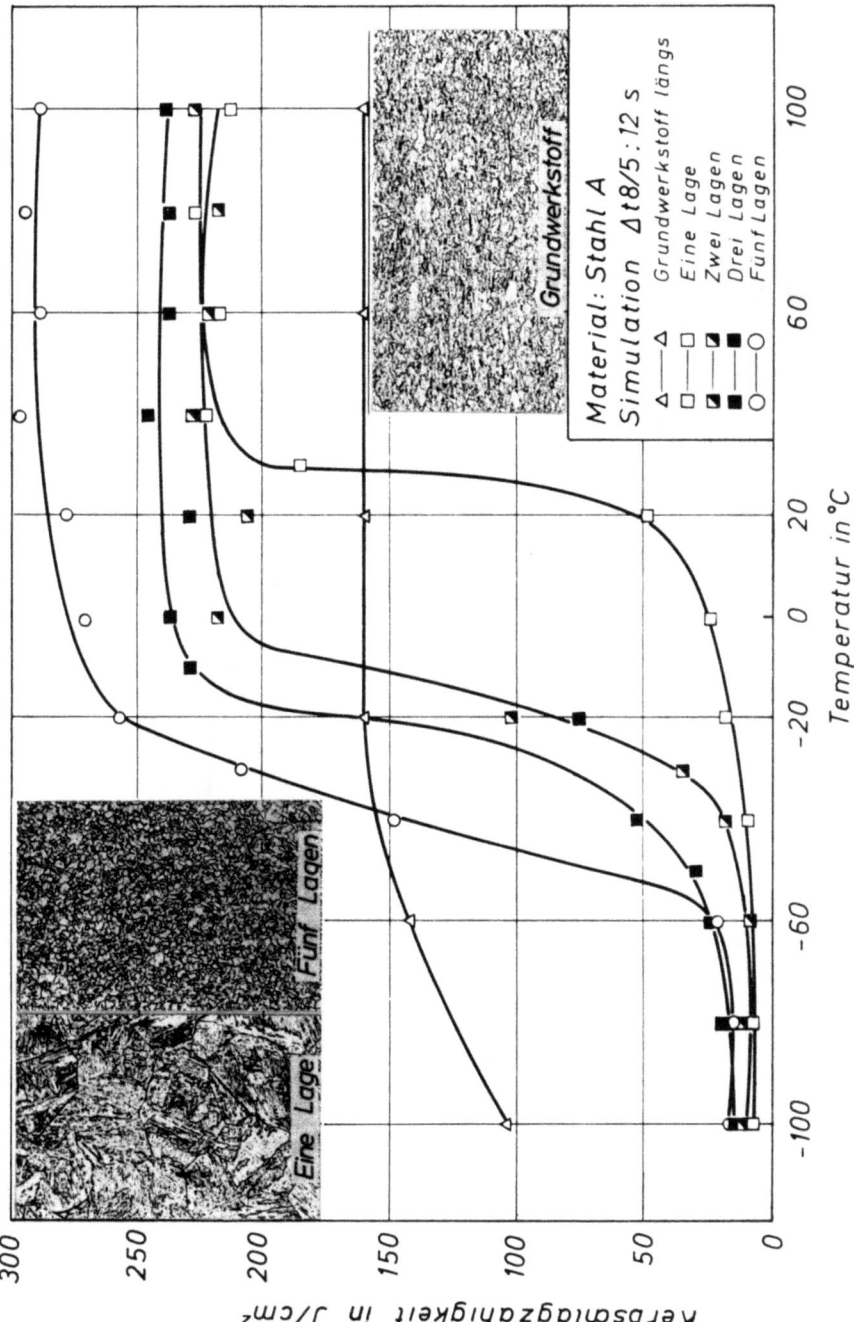

Bild 13: Abhängigkeit der Kerbschlagzähigkeit der WEZ des Stahls St E 47 von der Lagenzahl

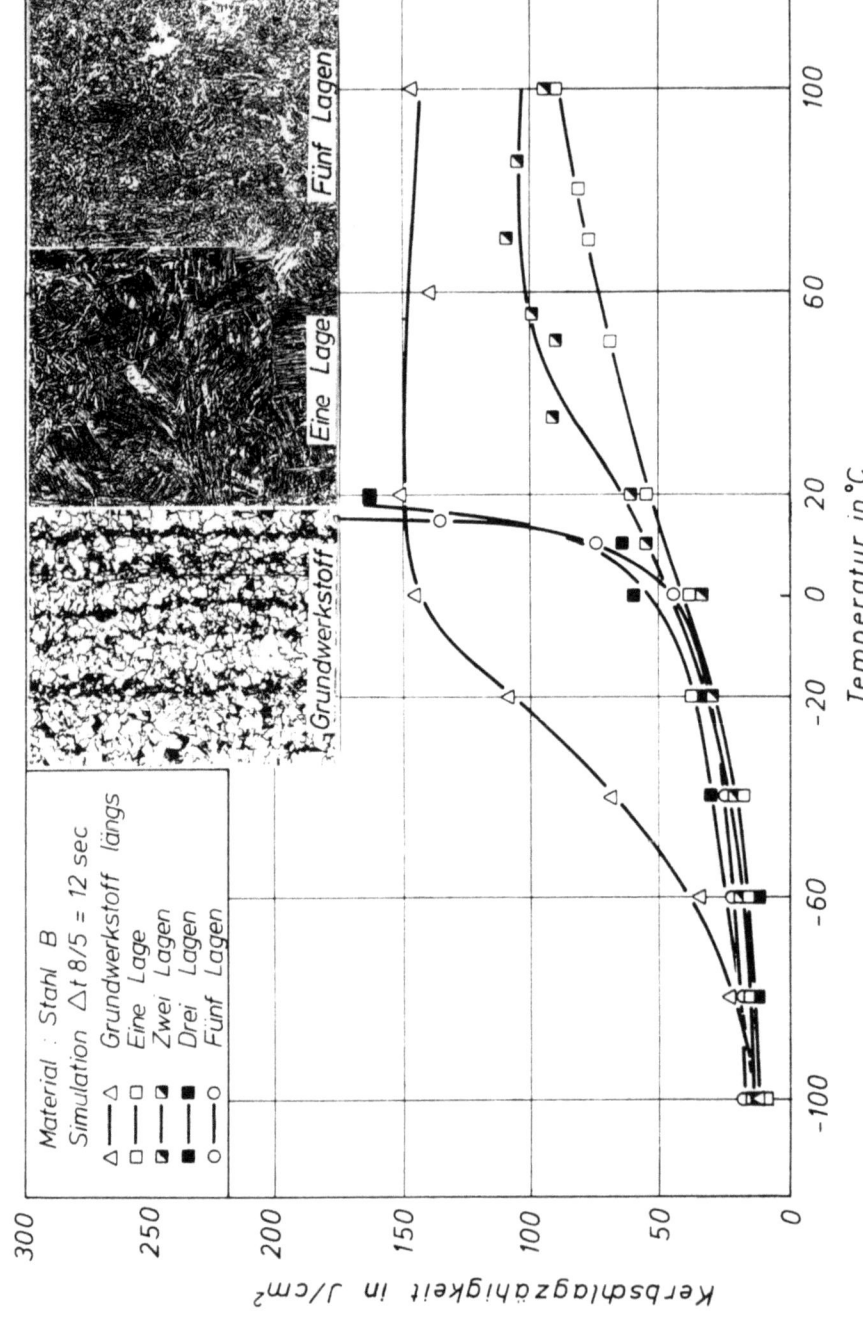

Bild 14: Abhängigkeit der Kerbschlagzähigkeit der WEZ des Stahls St 52-3 von der Lagenzahl

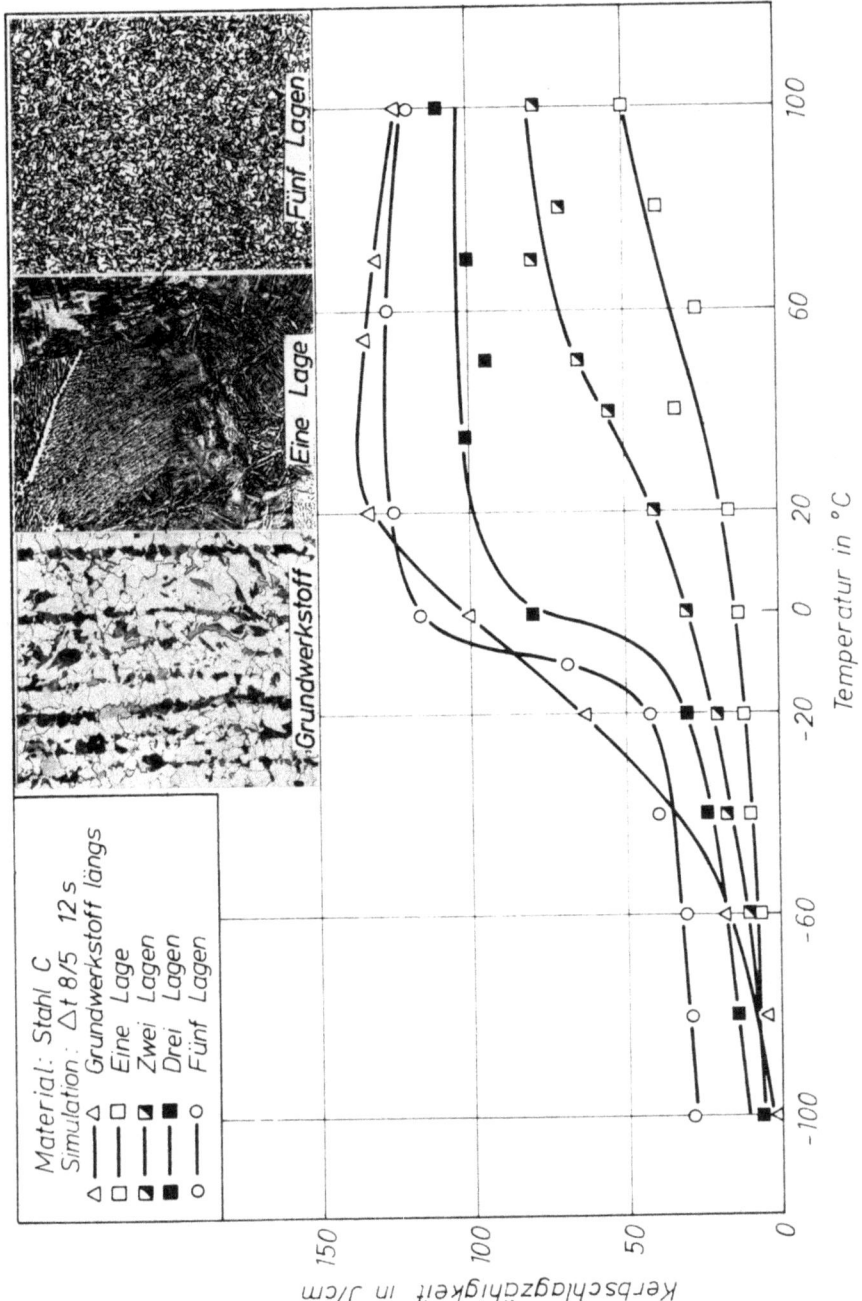

Bild 14: Abhängigkeit der Kerbschlagzähigkeit der WEZ des Stahls St 52-3 von der Lagenzahl

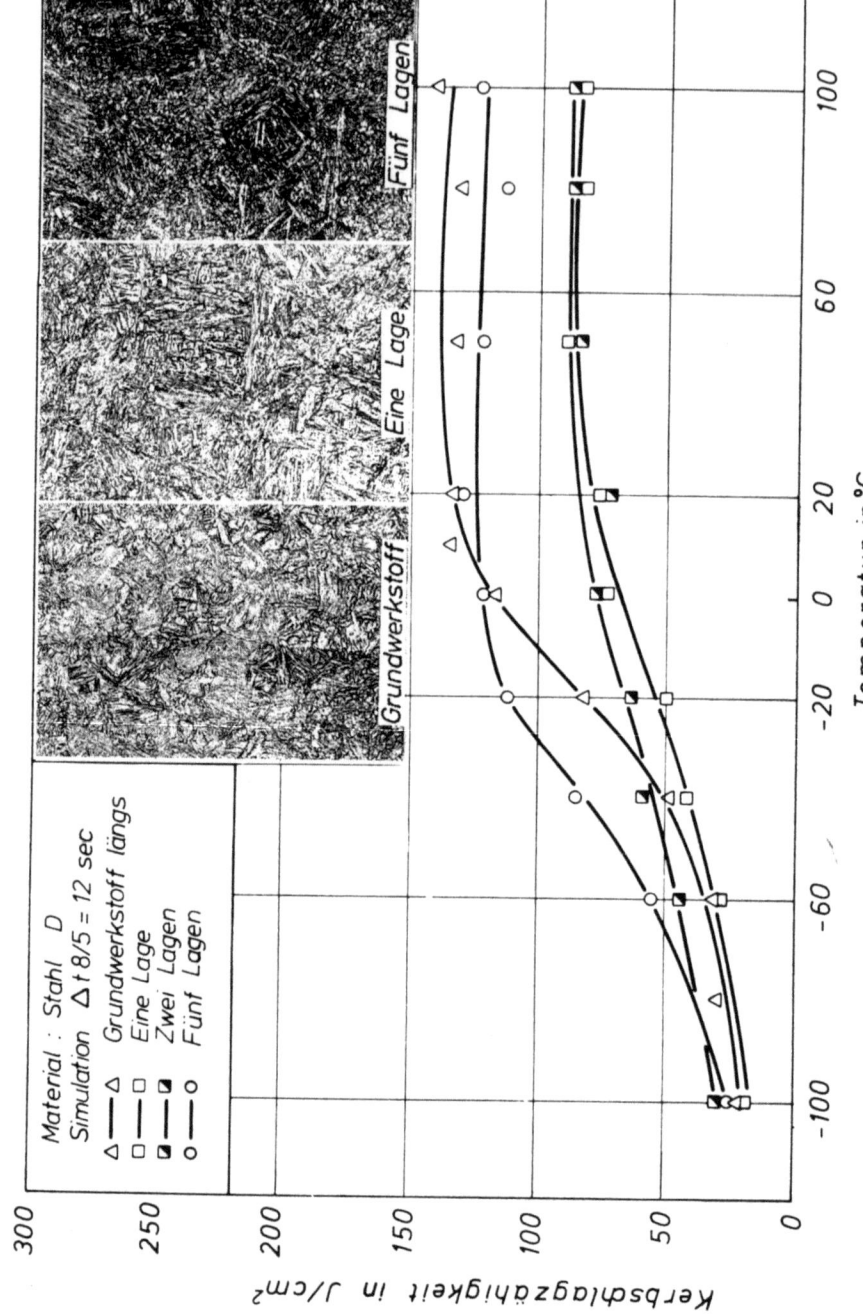

Bild 15: Abhängigkeit der Kerbschlagzähigkeit der WEZ des Stahls St E 70 von der Lagenzahl

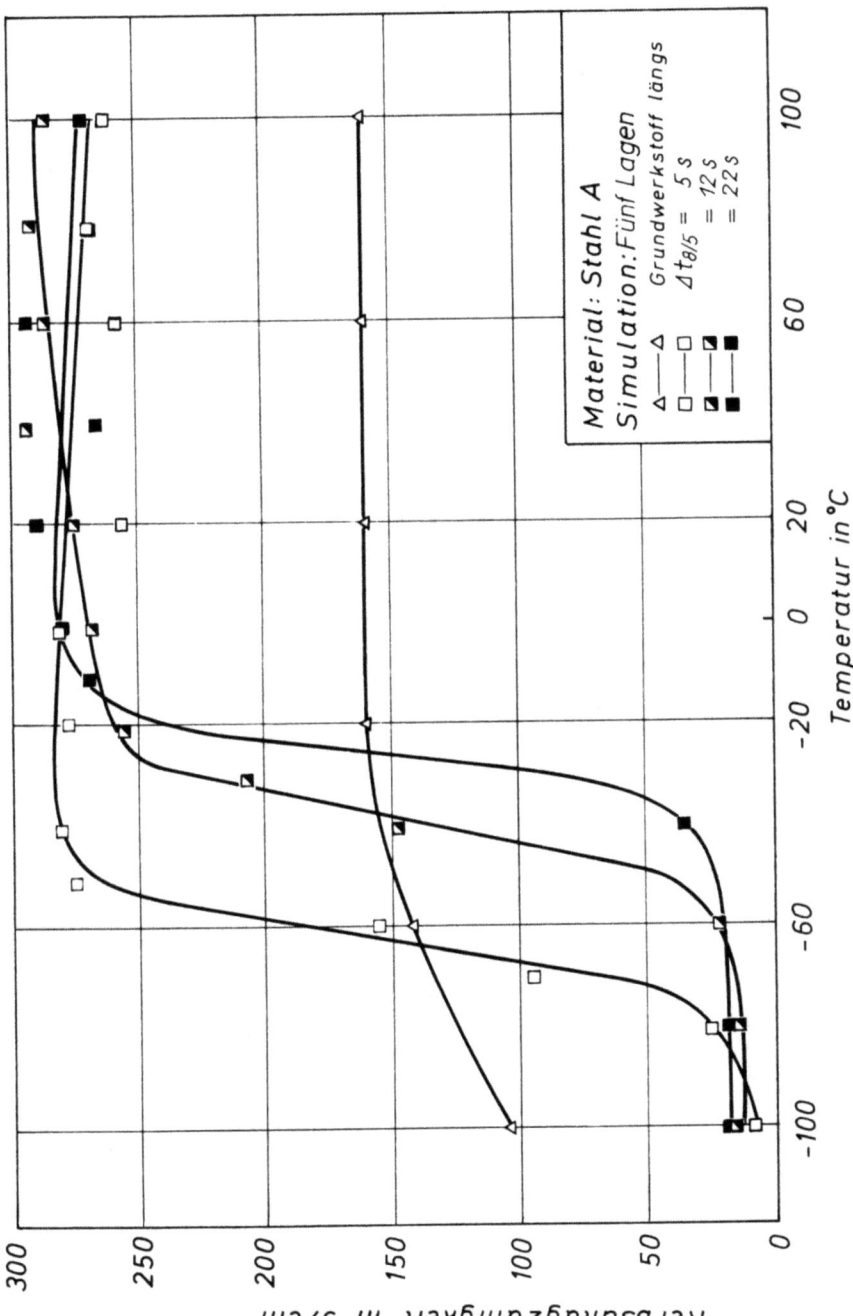

Bild 16: Einfluß der Abkühlzeit $\Delta t_{8/5}$ auf die Kerbschlagzähigkeit der WEZ des MnMoNb-Stahls

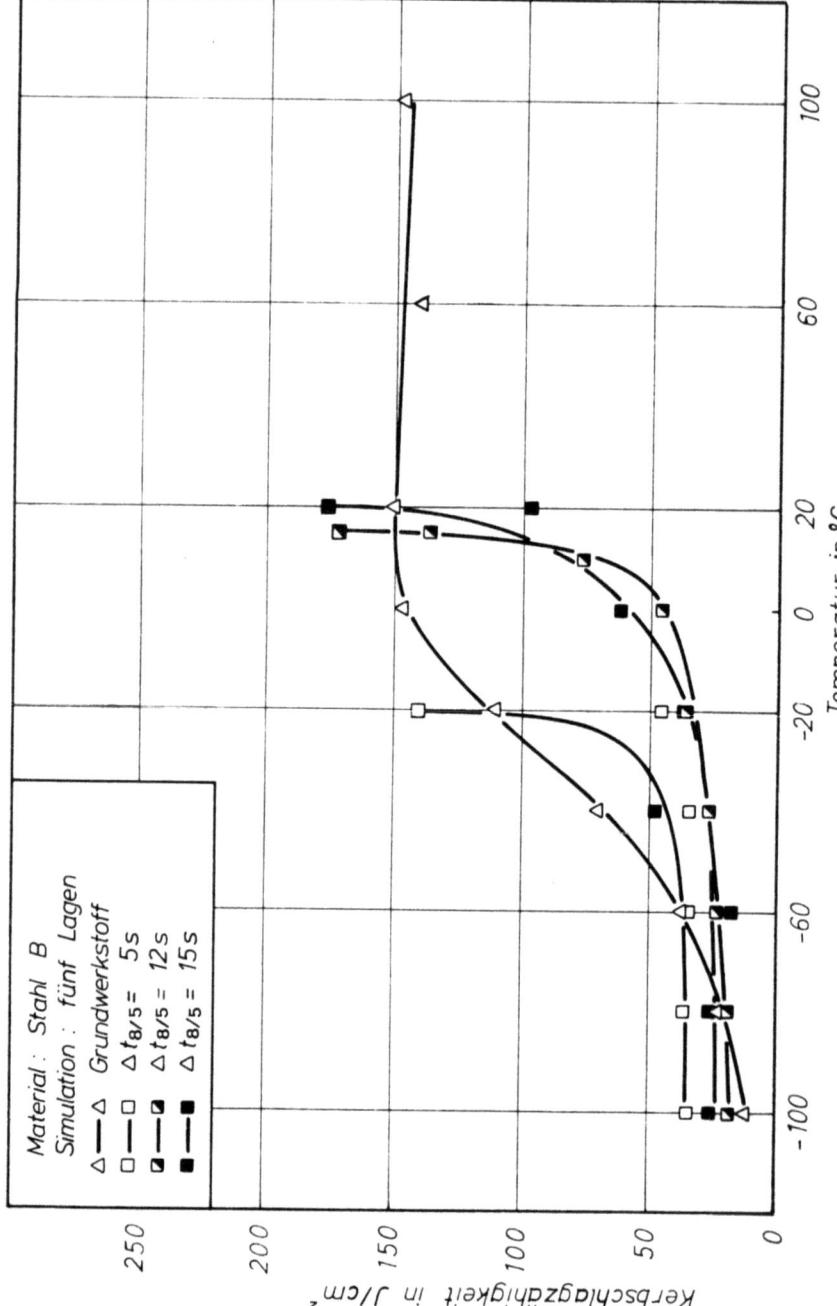

Bild 17: Einfluß der Abkühlzeit $\Delta t_{8/5}$ auf die Kerbschlagzähigkeit der WEZ des Stahls St E 47

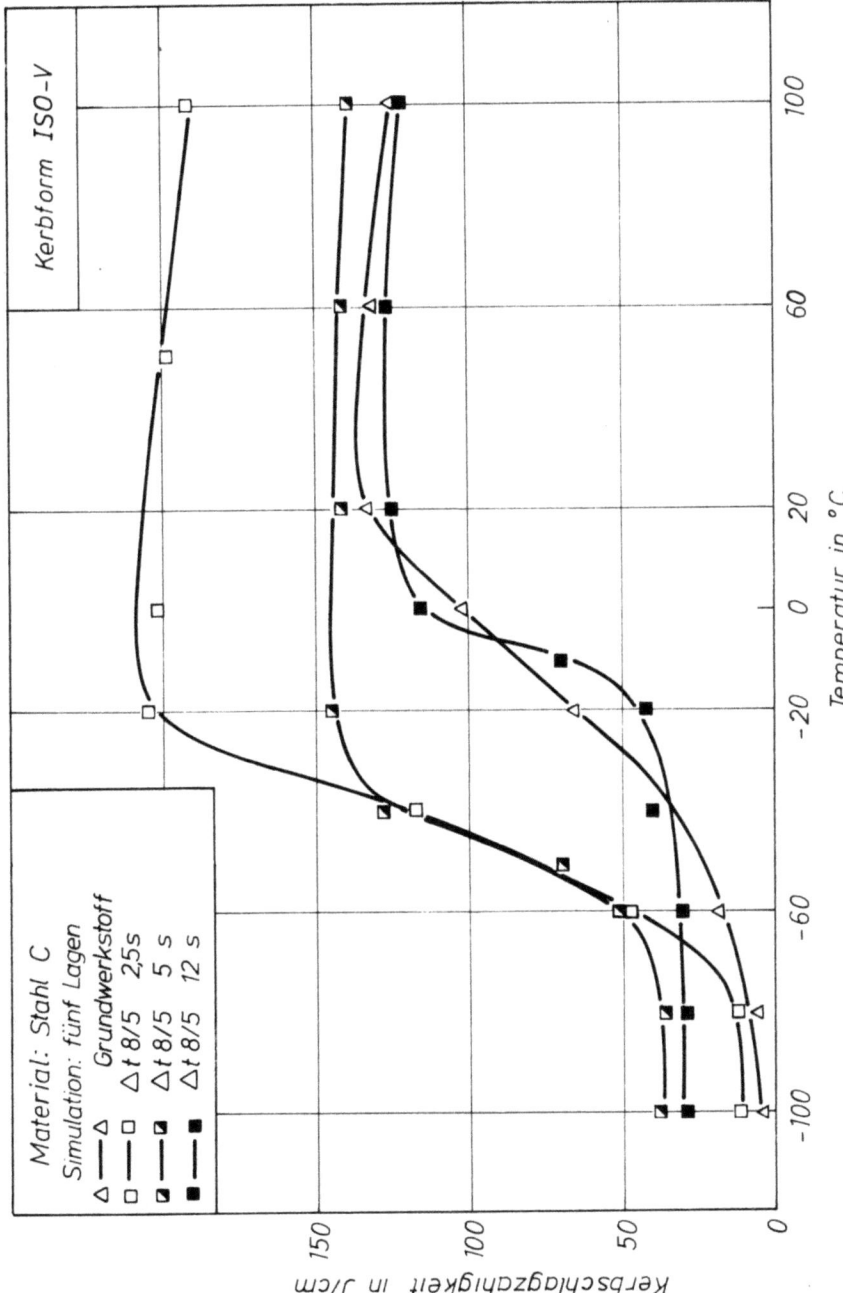

Bild 18: Einfluß der Abkühlzeit $\Delta t_{8/5}$ auf die Kerbschlagzähigkeit der WEZ des Stahls St 52-3

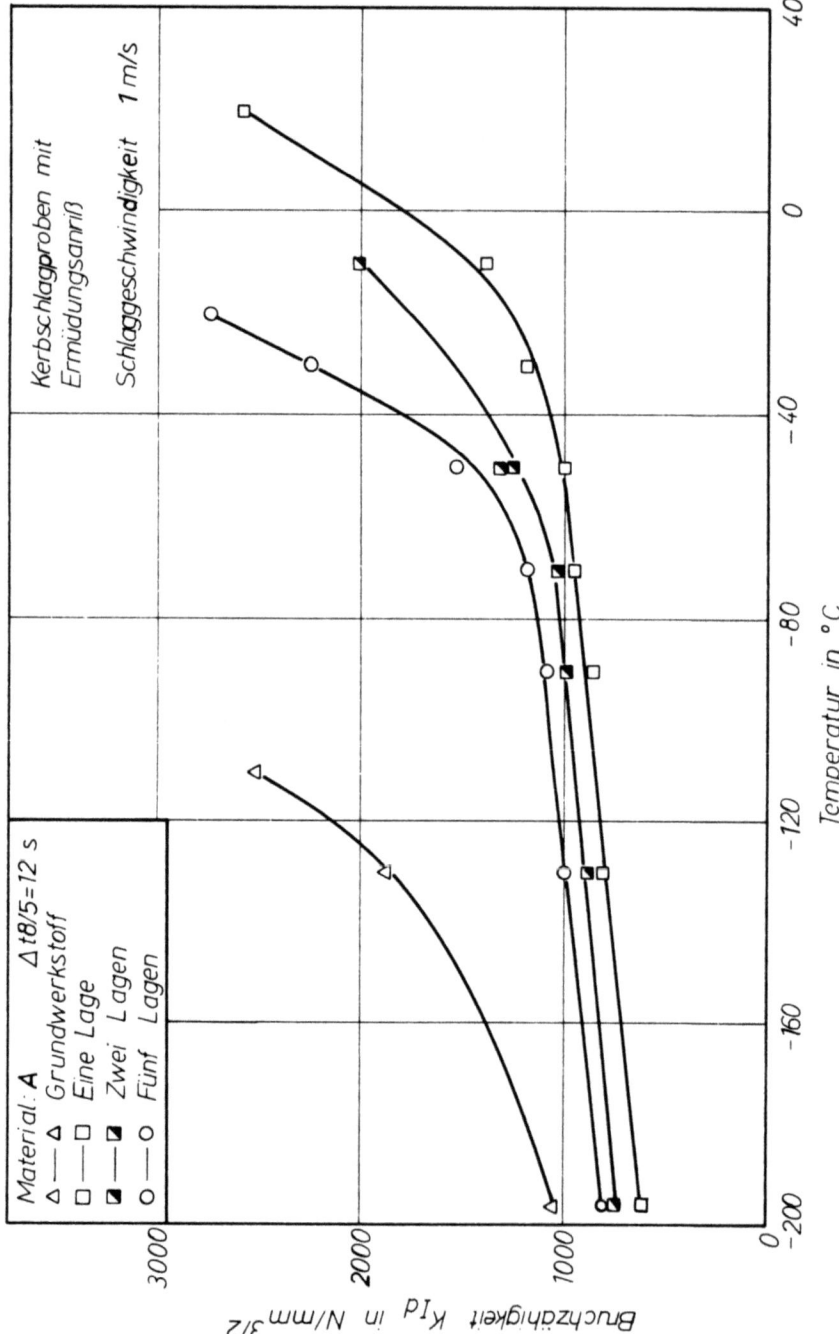

Bild 19: Einfluß der Lagenzahl auf die Bruchzähigkeit des MnMoNb-Stahls

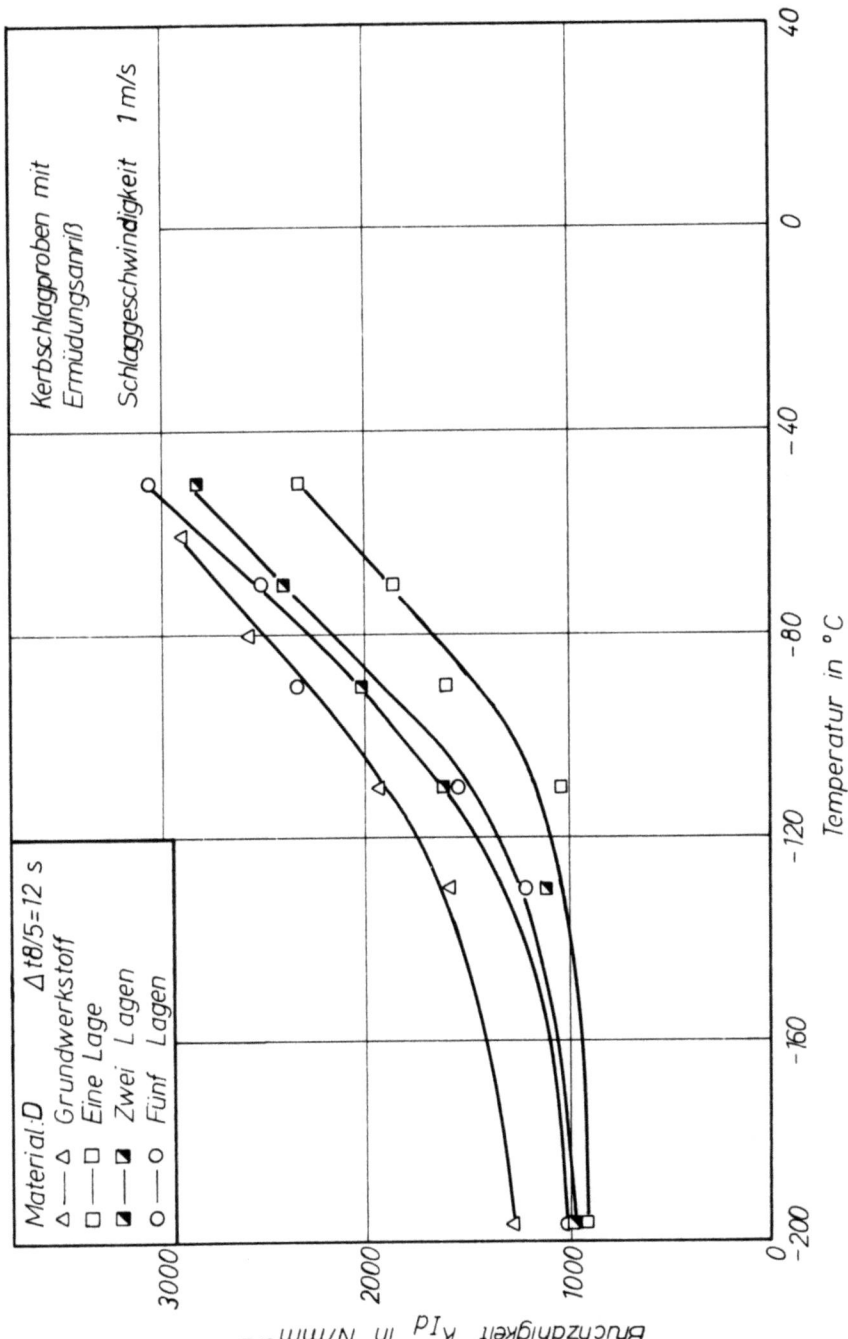

Bild 20: Einfluß der Lagenzahl auf die Bruchzähigkeit des Stahls St E 70

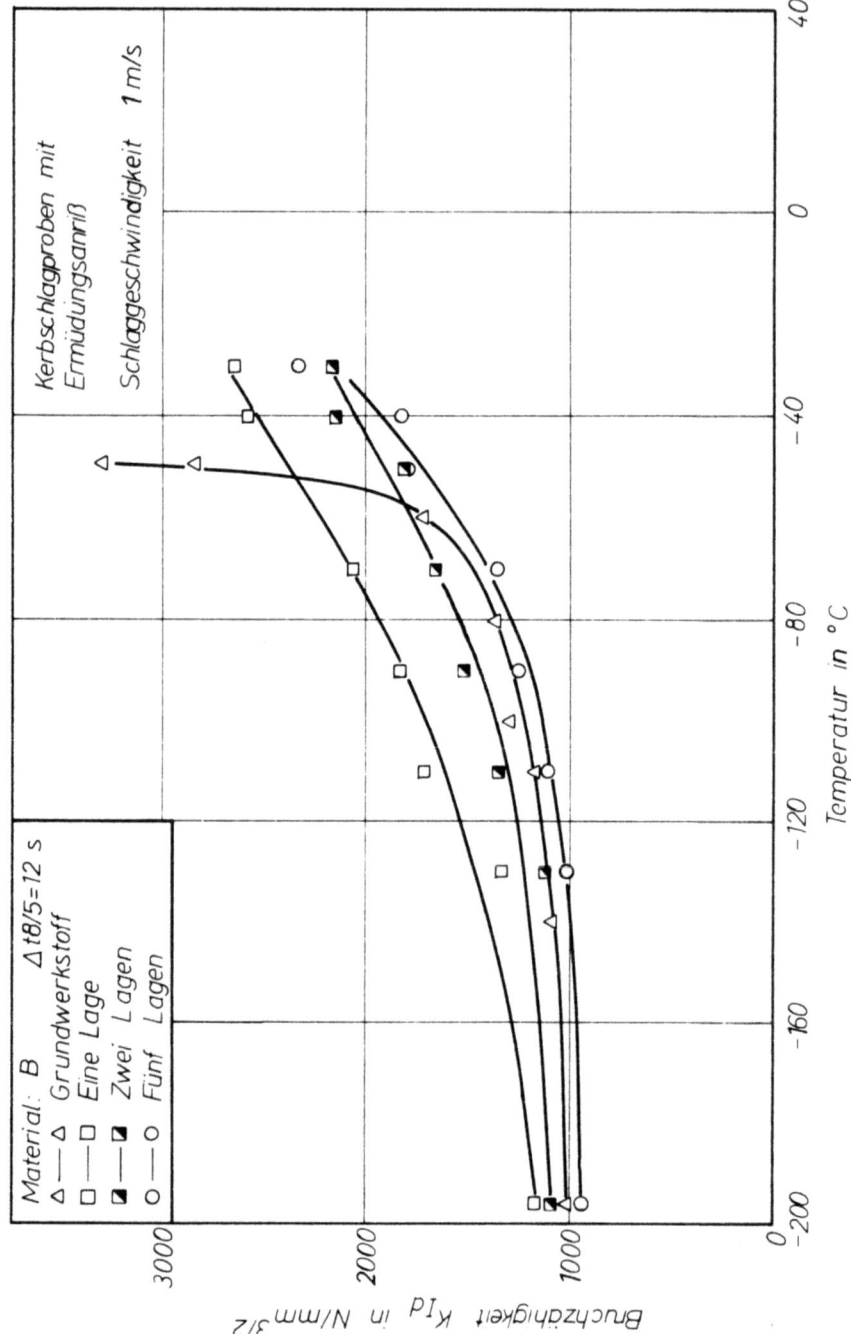

Bild 21: Einfluß der Lagenzahl auf die Bruchzähigkeit des Stahls St E 47

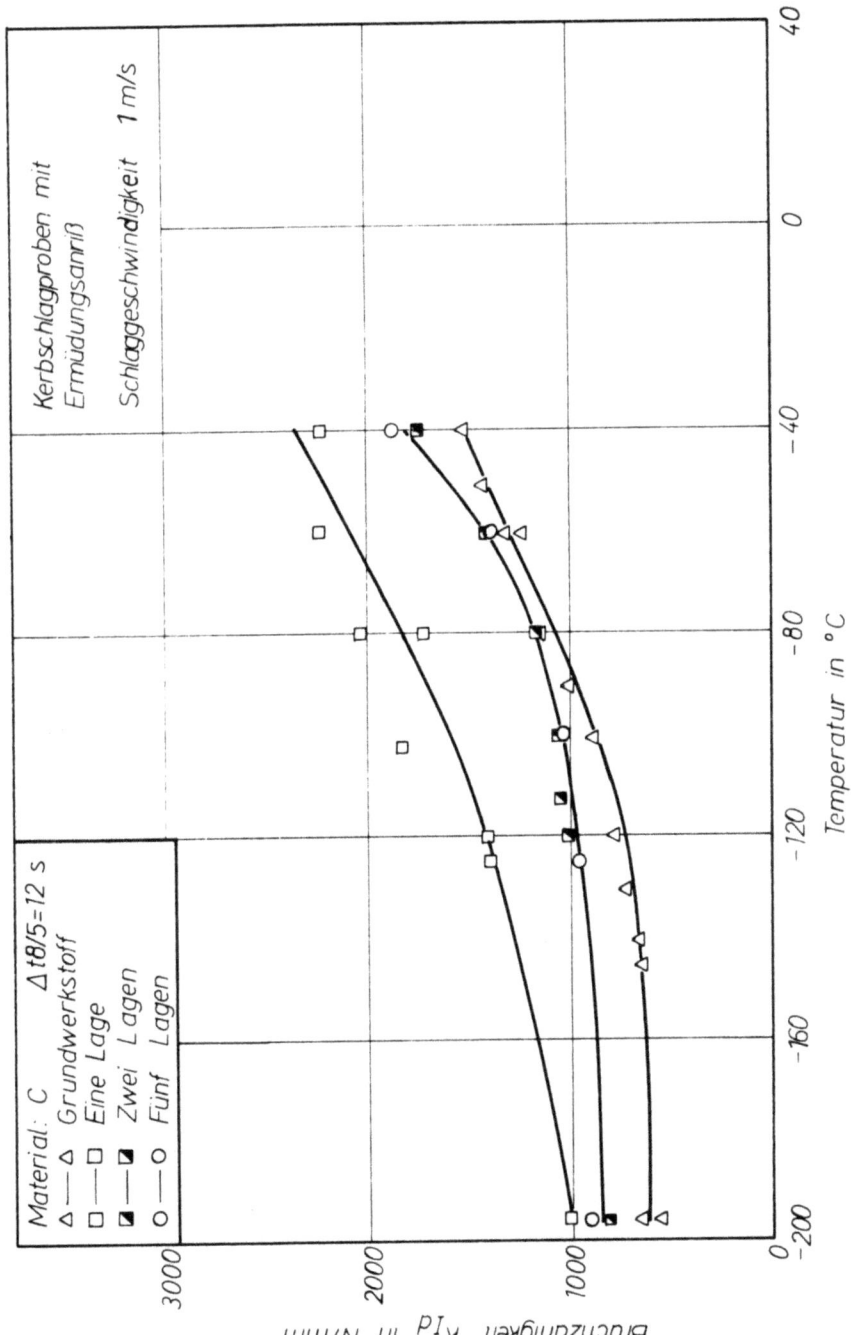

Bild 22: Einfluß der Lagenzahl auf die Bruchzähigkeit des Stahls St 52-3

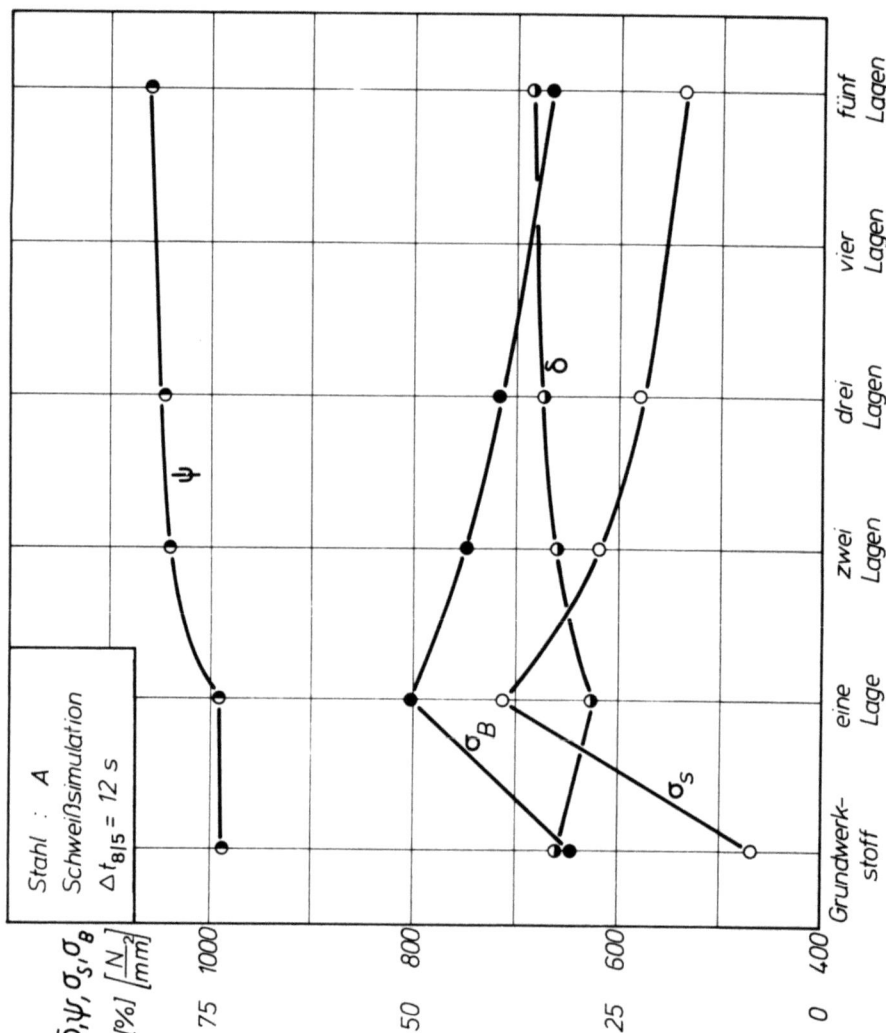

Bild 23: Abhängigkeit der Festigkeit und Zähigkeit der WEZ des Stahls X80 von der Lagenzahl

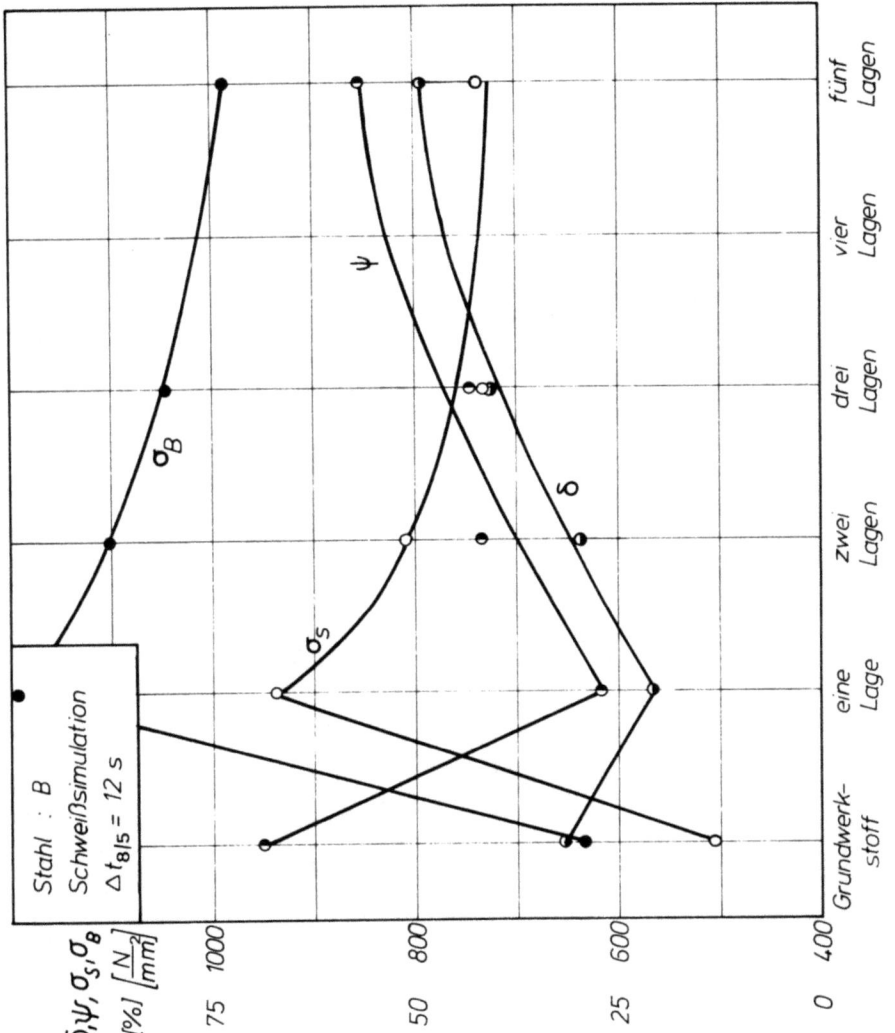

Bild 24: Abhängigkeit der Festigkeit und Zähigkeit der WEZ des Stahls St E 47 von der Lagenzahl

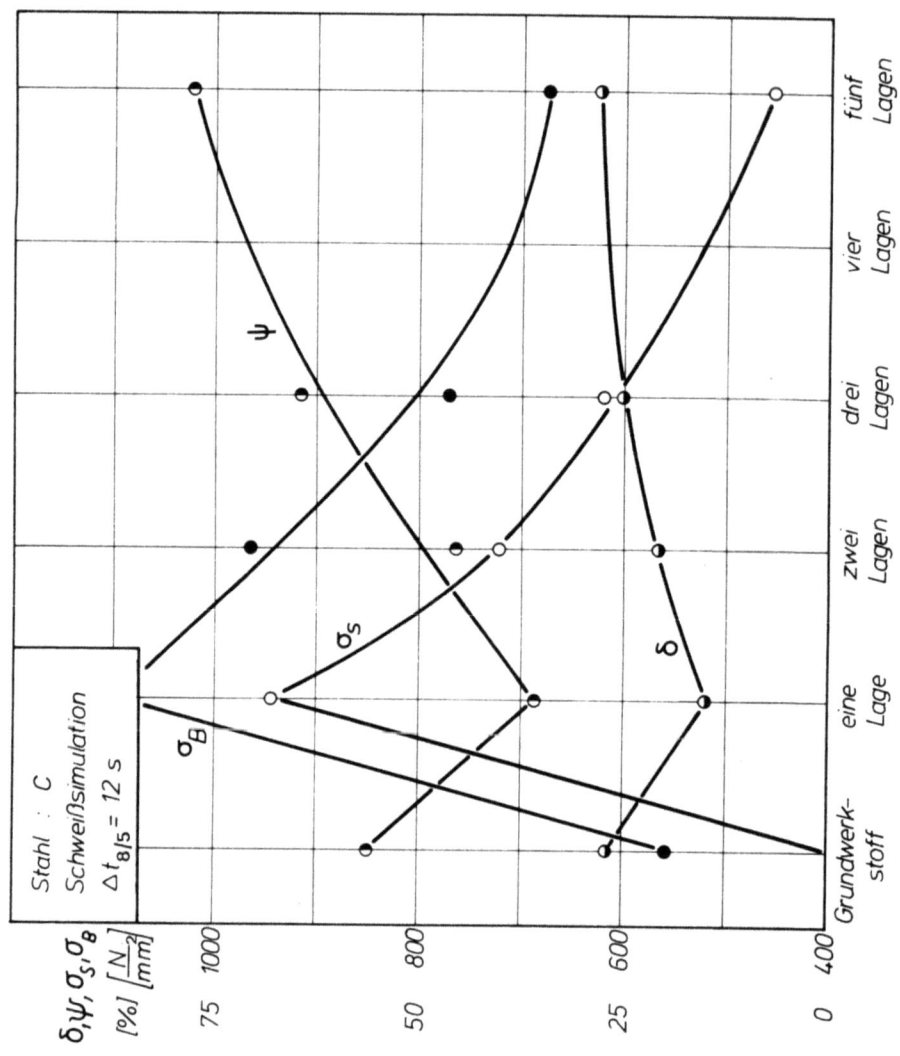

Bild 25: Abhängigkeit der Festigkeit und Zähigkeit der WEZ des Stahls St 52-3 von der Lagenzahl

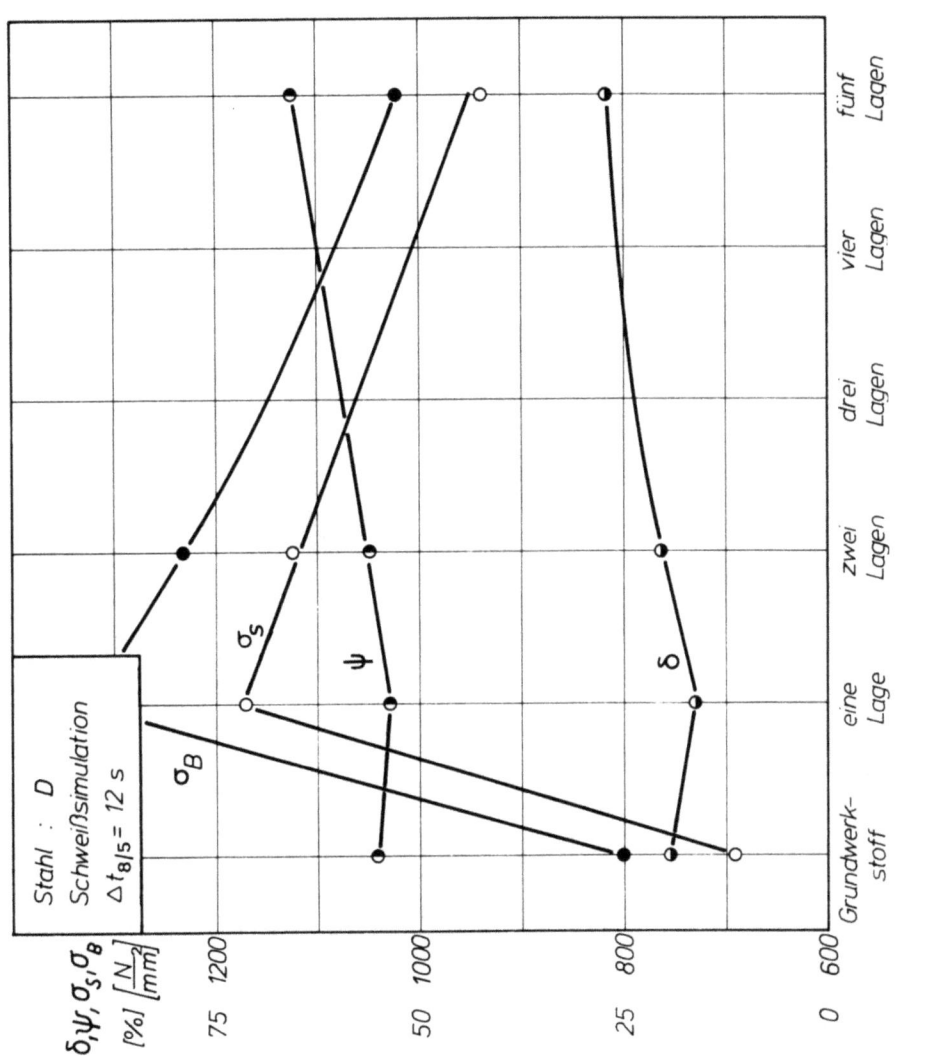

Bild 26: Abhängigkeit der Festigkeit und Zähigkeit der WEZ des Stahls St E 70 von der Lagenzahl

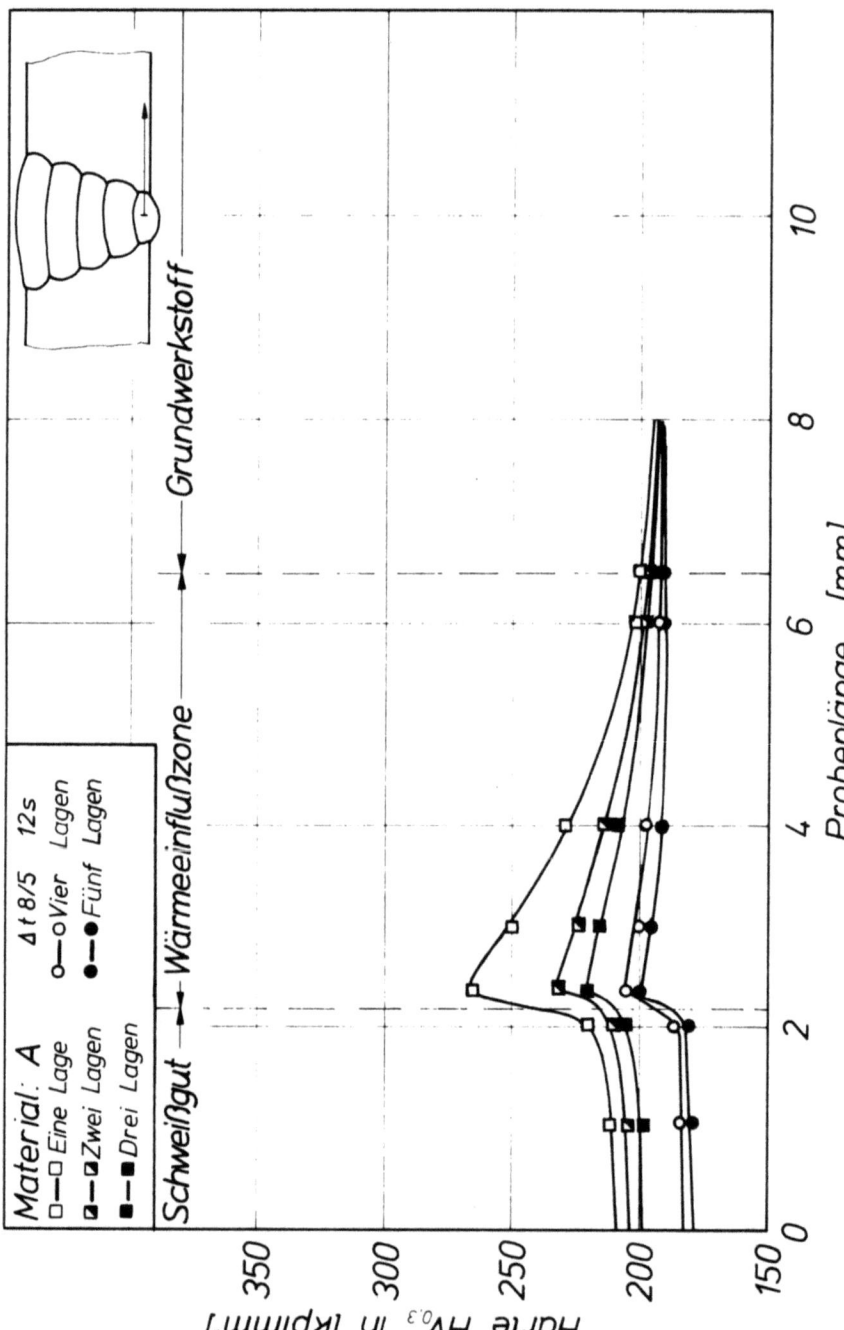

Bild 27: Einfluß der Lagenzahl auf den Härteverlauf in der Schweißnaht

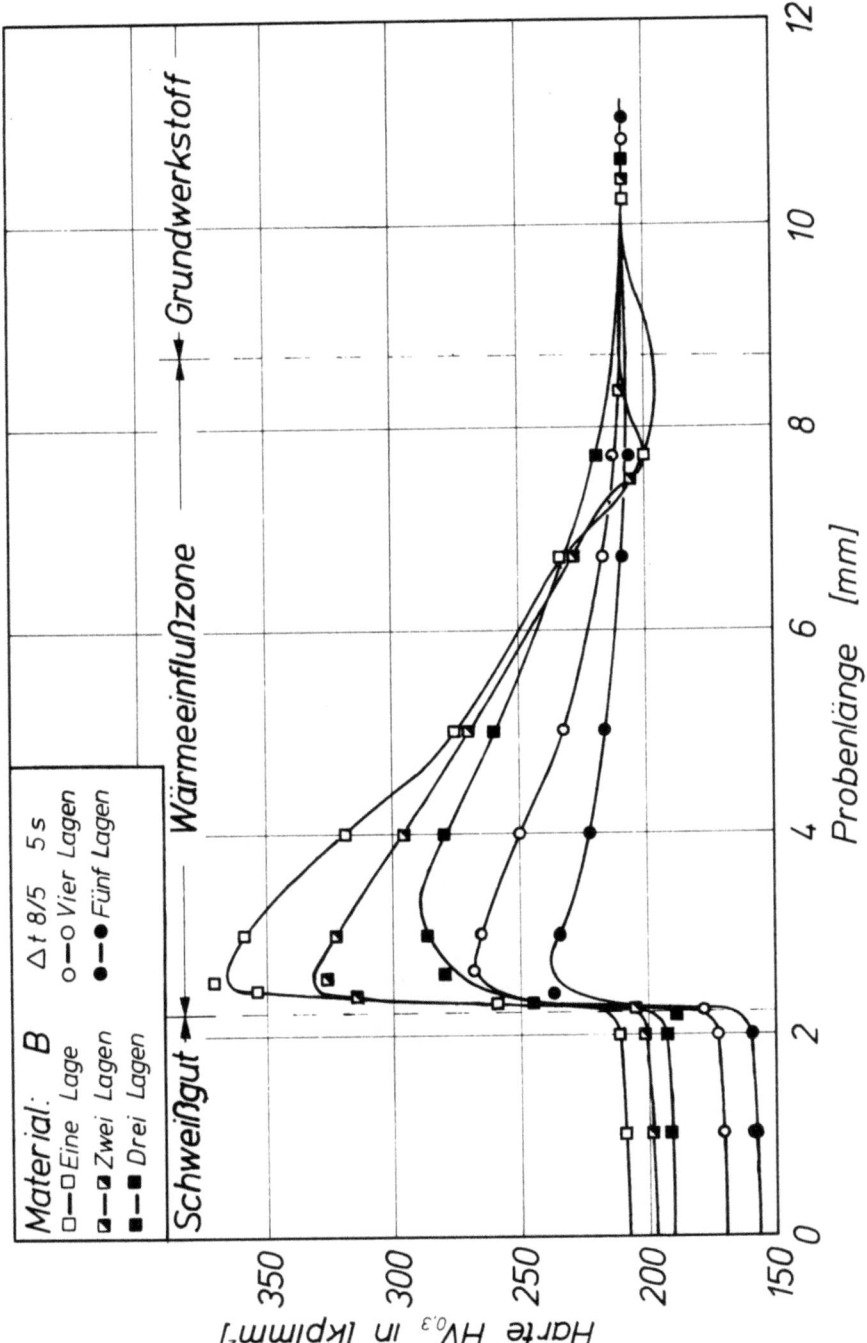

Bild 28: Einfluß der Lagenzahl auf den Härteverlauf in der Schweißnaht

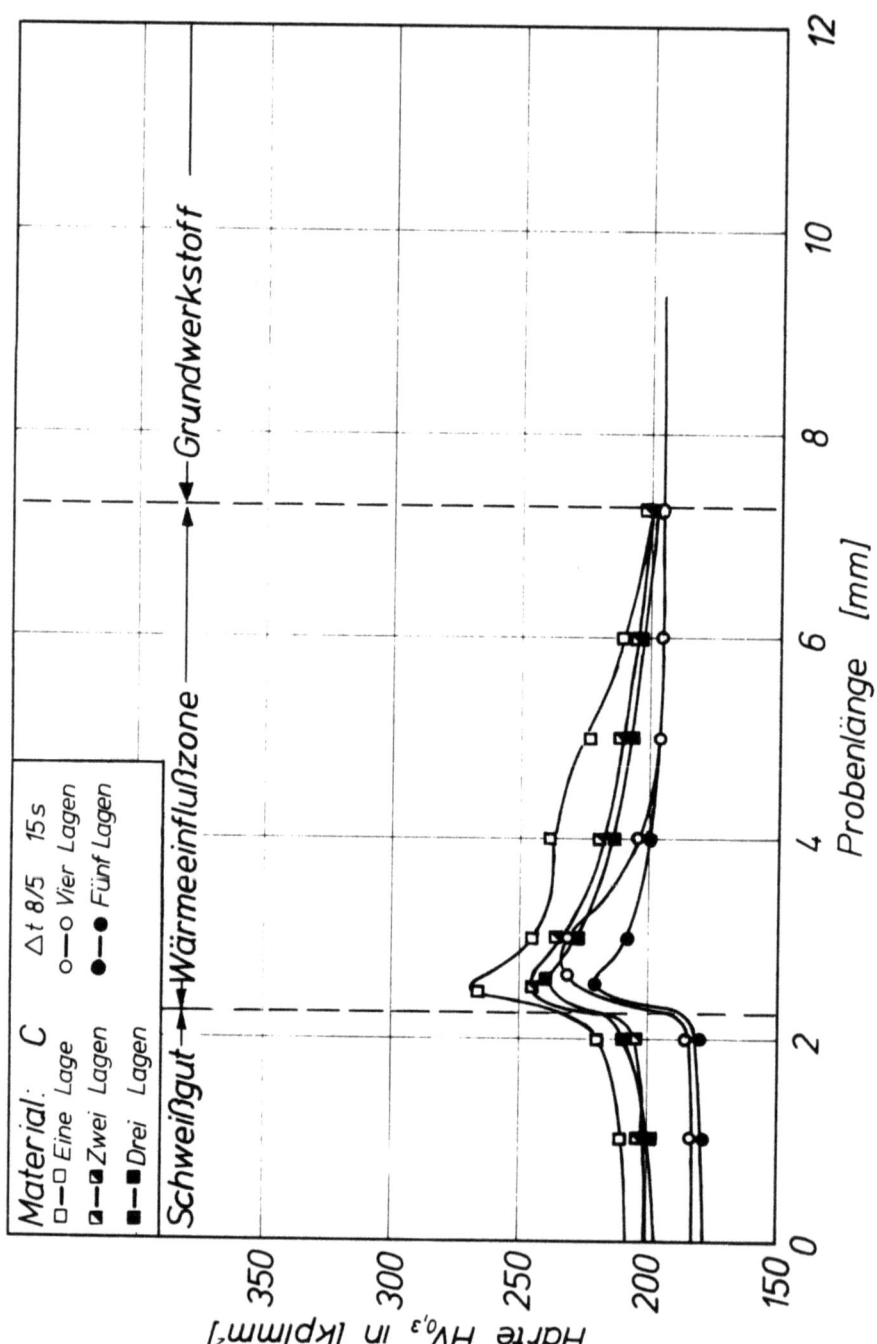

Bild 29: Einfluß der Lagenzahl auf den Härteverlauf in der Schweißnaht

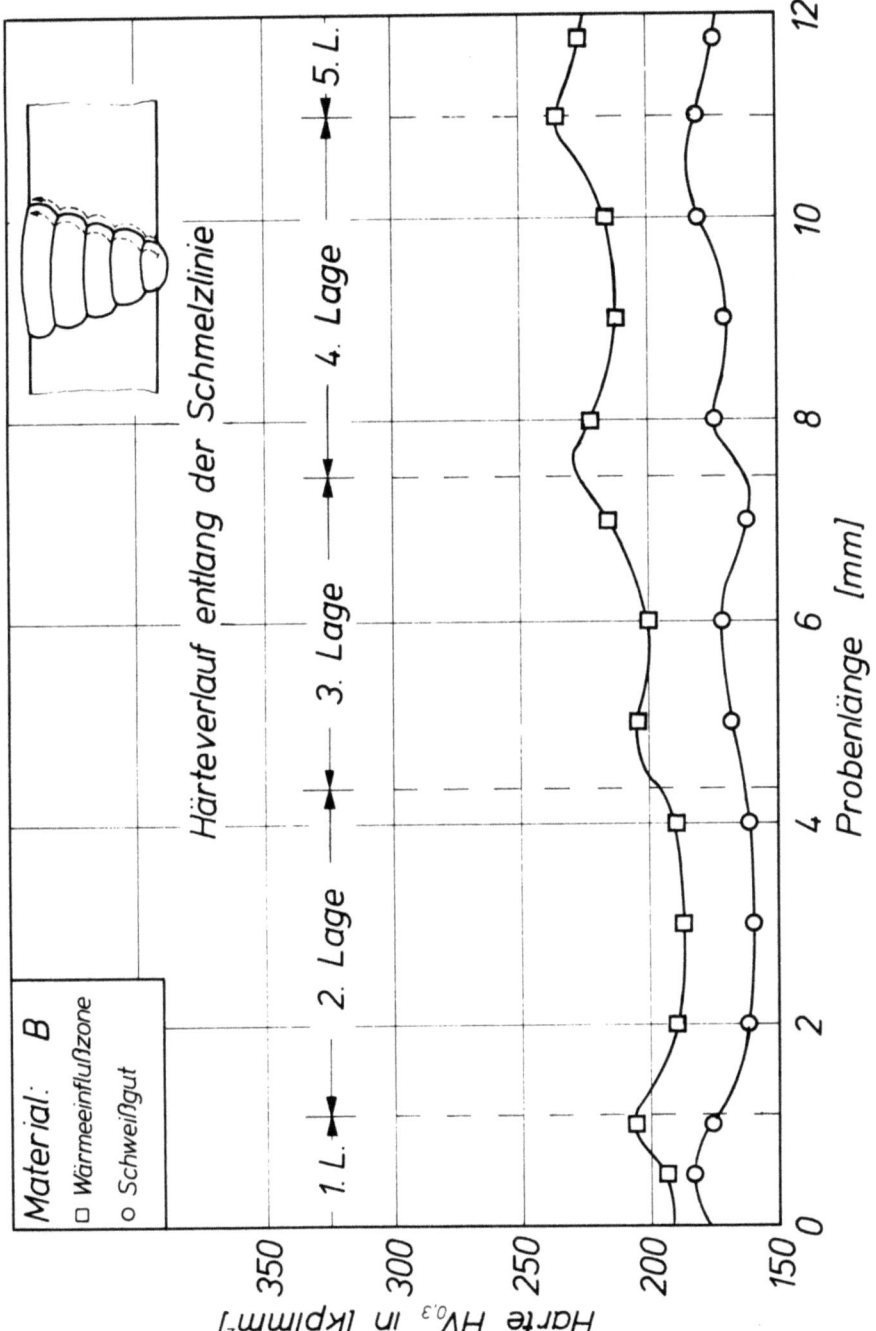

Bild 30: Härteverlauf in der WEZ und im Schweißgut

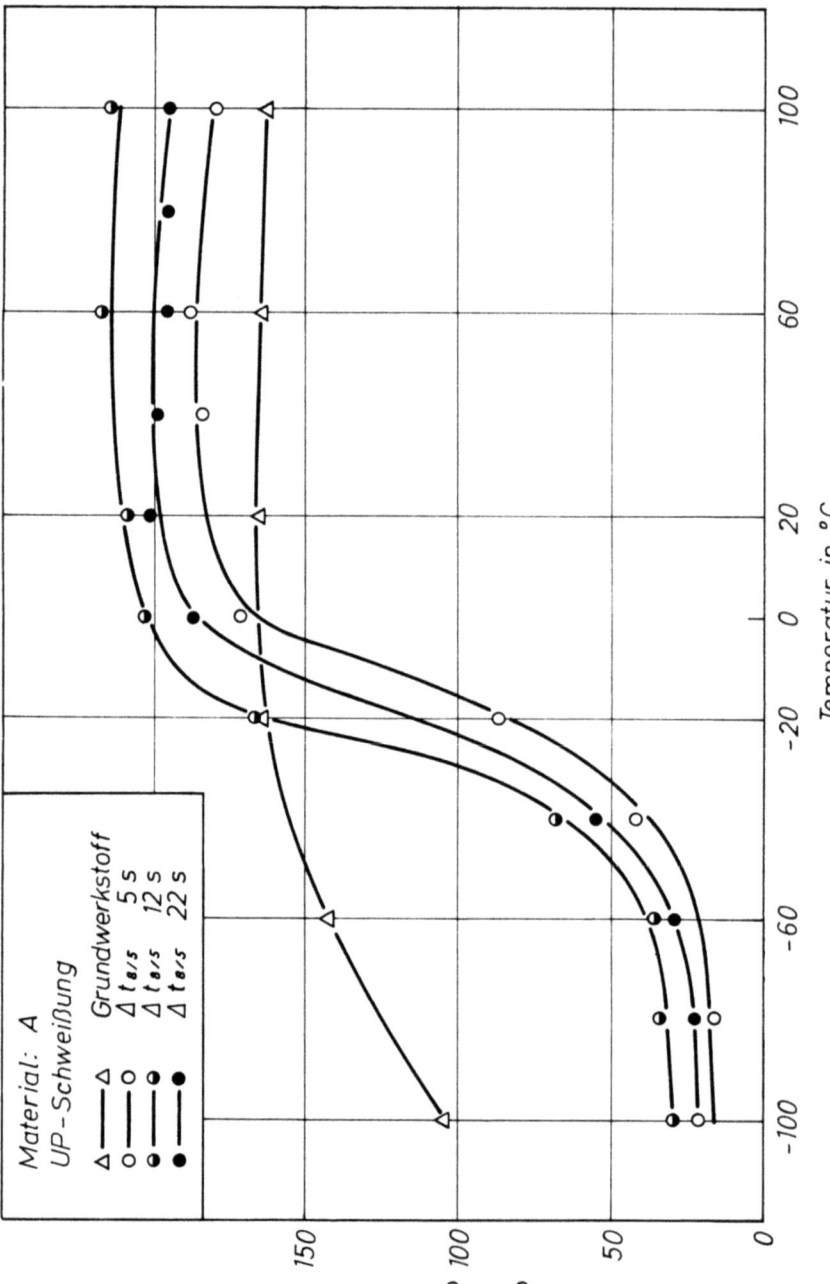

Bild 31: Einfluß der Abkühlzeit $\Delta t_{8/5}$ auf die Kerbschlagzähigkeit der WEZ von Fünflagen-UP-Schweißungen des MnMoNb-Stahls

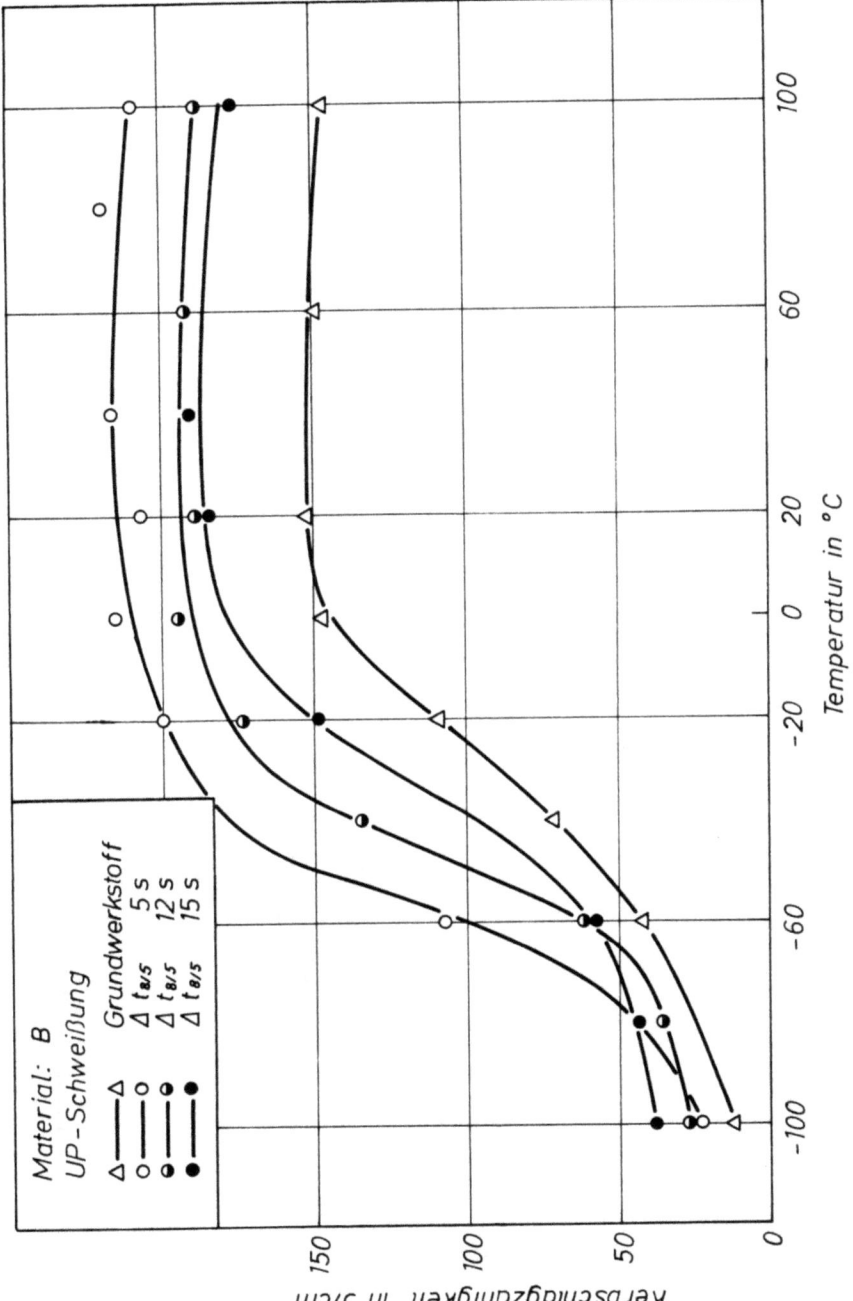

Bild 32: Einfluß der Abkühlzeit $\Delta t_{8/5}$ auf die Kerbschlagzähigkeit der WEZ von Fünflagen-UP-Schweißungen des Stahls St E 47

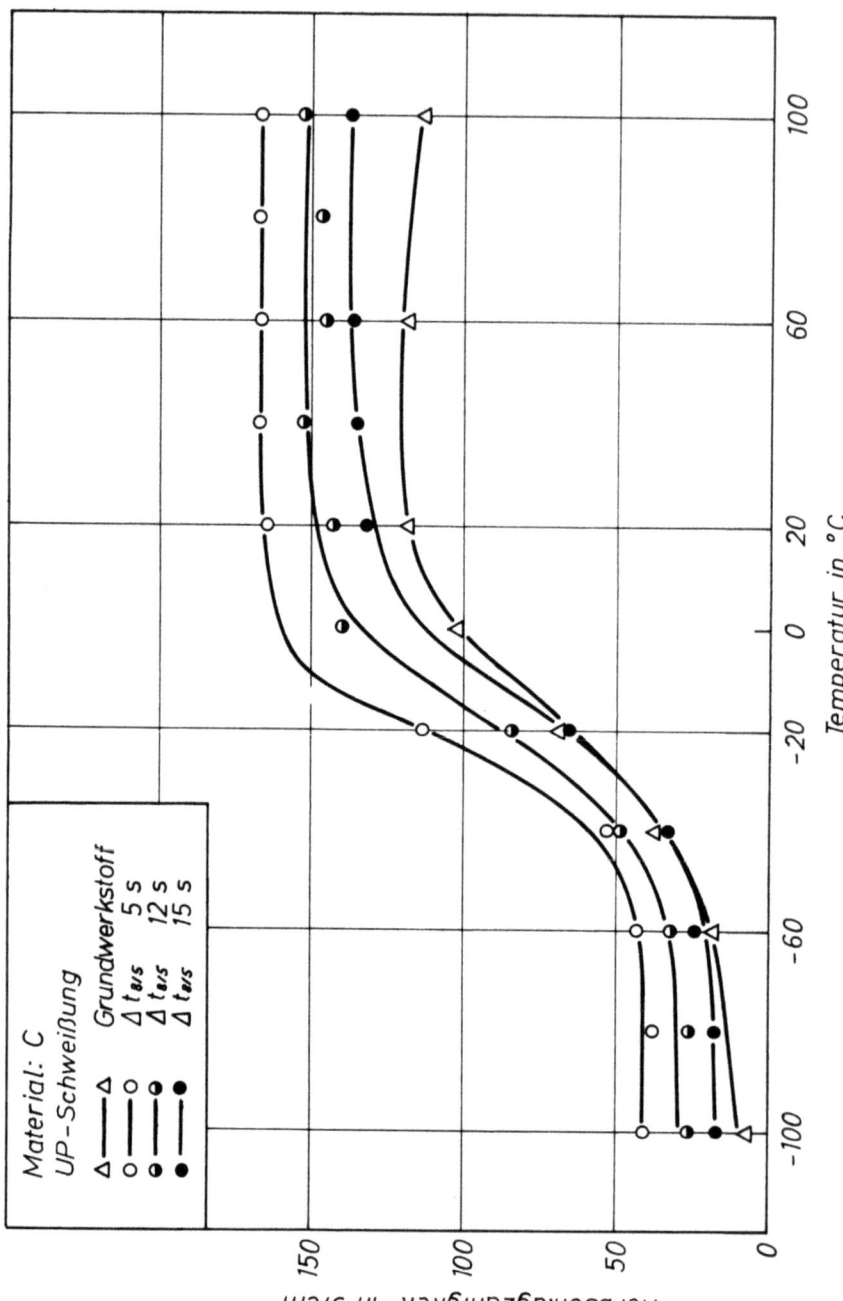

Bild 33: Einfluß der Abkühlzeit $\Delta t_{8/5}$ auf die Kerbschlagzähigkeit der WEZ von Fünflagen-UP-Schweißungen des Stahls St 52-3

FORSCHUNGSBERICHTE
des Landes Nordrhein-Westfalen

*Herausgegeben
im Auftrage des Ministerpräsidenten Heinz Kühn
vom Minister für Wissenschaft und Forschung Johannes Rau*

Die »Forschungsberichte des Landes Nordrhein-Westfalen« sind in
zwölf Fachgruppen gegliedert:

Wirtschafts- und Sozialwissenschaften
Verkehr
Energie
Medizin/Biologie
Physik/Mathematik
Chemie
Elektrotechnik/Optik
Maschinenbau/Verfahrenstechnik
Hüttenwesen/Werkstoffkunde
Metallverarb. Industrie
Bau/Steine/Erden
Textilforschung

Die Neuerscheinungen in einer Fachgruppe können im Abonnement
zum ermäßigten Serienpreis bezogen werden. Sie verpflichten sich durch
das Abonnement einer Fachgruppe nicht zur Abnahme einer
bestimmten Anzahl Neuerscheinungen, da Sie jeweils unter Einhaltung
einer Frist von 4 Wochen kündigen können.

WESTDEUTSCHER VERLAG
5090 Leverkusen 3 · Postfach 300 620

MIX
Papier aus verantwortungsvollen Quellen
Paper from responsible sources
FSC® C105338

If you have any concerns about our products,
you can contact us on
ProductSafety@springernature.com

In case Publisher is established outside the EU,
the EU authorized representative is:
**Springer Nature Customer Service Center GmbH
Europaplatz 3, 69115 Heidelberg, Germany**

Printed by Libri Plureos GmbH
in Hamburg, Germany